KB002323

토머스 쿤의 『과학혁명의 구조』 읽기

세창명저산책_072

토머스 쿤의 『과학혁명의 구조』 읽기

초판 1쇄 발행 2020년 9월 10일

초판 2쇄 발행 2024년 12월 23일

–

지은이 곽영직

펴낸이 이방원

기획위원 원당희

책임편집 정조연 **책임디자인** 손경화

마케팅 최성수 · 김 준 **경영지원** 이병은

–

펴낸곳 세창미디어

신고번호 제2013-000003호 **주소** 03736 서울시 서대문구 경기대로 58 경기빌딩 602호

전화 723-8660 **팩스** 720-4579 **이메일** edit@sechangpub.co.kr **홈페이지** http://www.sechangpub.co.kr

블로그 blog.naver.com/scpc1992 **페이스북** fb.me/Sechangofficial **인스타그램** @sechang_official

–

ISBN 978-89-5586-627-8 02400

곽영직 지음

토머스 쿤의 『과학혁명의 구조』 읽기

세창미디어
MEDIA

| 머리말 |

토머스 쿤의 『과학혁명의 구조』는 과학의 발전 과정을 이해하는 방법을 혁명적으로 바꾸어 놓은 책이다. 나는 이 책을 처음 읽었을 때의 놀라움을 잊을 수 없다. 과학의 발전 과정에 대한 철학적 논의는 물론 과학의 역사 자체에 대해서도 큰 관심이 없었던 나에게는 과학의 발전 과정을 새로운 방법으로 분석한 이 책이 과학뿐만 아니라 인간의 의식 구조를 이해하는 새로운 패러다임을 제공하는 것처럼 생각되었다.

처음 이 책을 읽은 후 여러 가지 이유로 이 책을 다시 읽을 기회가 있었다. 처음 한두 번은 이 책의 내용을 좀 더 확실하게 이해하기 위해 읽었고, 다음에는 이 책을 소개하는 글을 쓰거나, 과학사 강의에서 이 책의 내용을 소개하기 위해 읽었다. 어떤 때는 노트를 해 가면서 정독했고, 어떤 때는 대충 훑어보기만 했다.

나는 이 책을 읽을 때마다 두 가지 느낌을 받았다. 하나는 내가 이 책을 처음 읽었을 때 느꼈던 놀라움이다. 모든 사람이 당연하게 받아들이는 것을 새로운 방법으로 보고 새롭게 해석한 토머스 쿤의 천재성을 느낄 수 있었다. 과학의 발전 과정의 핵심을 짚어 내는 그의 놀라운 분석력은 그가 아니면 할 수 없는 일처럼 생각되었다. 이 책을 통해 나는 비로소 내가 누구인지, 그리고 내가 하고 있는 일이 어떤 일인지에 대해 진지하게 다시 생각해 보게 되었다.

내가 이 책을 읽고 받은 또 다른 느낌은 저자의 지적 오만 같은 거였다. 이 책이 주는 놀라움에도 불구하고 정상과학의 형성, 이상 현상의 등장과 정상과학의 위기, 패러다임의 전이를 통한 과학혁명의 완성이라는 과학 발전 모델에 모든 과학의 발전 과정을 무리하게 대입하려 하는 것 아닌가 하는 생각이 드는 것은 어쩔 수 없었다. 과학의 발전에는 다양한 분야에서 연구하고 있는 수많은 사람들이 관여되어 있다. 따라서 지식 축적적인 면도 있고, 반증주의적인 면도 있을 것이다. 따라서 과학의 발전은 혁명적인 과정을 통해서만 이루어져 왔다고 주장하는 대신 과학의 발전 과정을 이렇게 보는 방법도 있지 않겠느냐는 정도로 이야기했으면 더 좋지 않았을까 하는 생각을 했다.

1962년에 초판이 출판된 후 이 책에 대한 찬사와 함께 비판의 목소리도 거셌다. 초판이 출판된 후 받은 비판을 의식하고, 1969년에 출판된 개정판에 추가한 원고에 한 발 물러서는 내용이 포함되어 있지 않을까 기대했었다. 그러나 1969년에 추가된 부분에서 쿤은 자신의 모델에 대한 더욱 강한 확신을 피력했다. 일부 비판적인 내용을 수용하기도 했지만, 자신의 모델 안에서 과학 발전의 모든 면을 설명할 수 있을 것이라는 자신감이 주를 이루었다. 다만 이 책에서 가장 중요한 개념으로 다루고 있는 '패러다임'이라는 말이 여러 가지 다른 뜻으로 사용되고 있다는 비판을 수용하여 패러다임이라는 용어 대신 '전문 분야 행렬'이라는 다양한 개념의 집합체로 바꾼 것이 그의 가장 큰 양보였다.

내가 이런 생각을 하는 것은 자신의 이론에 대한 학자적 확신을 가지고 있던 토머스 쿤과는 달리 세상과 쉽게 타협하는 나의 안일함 때문일지도 모른다. 그러나 나의 이런 의구심에도 불구하고 과학의 발전 과정을 새로운 방법으로 명쾌하게 해석해 낸 토머스 쿤의 혜안이 주는 놀라움은 조금도 줄어들지 않았다. 토머스 쿤의 주장이 놀라운 것은, 오만해 보이기까지 하는 자신의 모델에 대한 확신과 자신감 때문일 것이다.

이 해설서를 쓰기 위해 한동안 잊고 있었던 『과학혁명의 구조』를 다시 정리할 기회를 얻은 것은 나에게 큰 즐거움이었다. 전에 읽었을 때는 간과하고 지나갔던 것들을 새롭게 발견할 수 있었다. 그런 것들을 통해 토머스 쿤의 놀라운 면과 지적 오만을 다시 확인할 수 있었다. 이 책에서는 문장이나 용어의 일부를 수정하여 가독성을 높이면서도 원본의 전체적인 내용을 훼손하지 않으려고 노력했다. 꼭 필요한 경우가 아니면 내 생각은 행간에 감추어 원본을 읽는 느낌을 받을 수 있도록 하려고 노력했다. 이 책을 통해 독자들이 『과학혁명의 구조』를 부분적으로만 이해하는 것이 아니라, 더 쉽게 읽으면서도 핵심적인 내용을 대부분 이해할 수 있었으면 좋겠다.

| CONTENTS |

제1장
저자에 대하여

패러다임과 과학혁명이라는 개념을 바탕으로 과학 발전 과정을 새롭게 분석한 미국의 과학사학자 토머스 쿤Thomas Samuel Kuhn(1922-1996)은 미국 오하이오주의 신시내티에서 태어났다. 고등학교 시절 한때 사회주의 운동에 참여하기도 했던 쿤은 하버드 대학 물리학과에 진학하여 1943년에 학사학위를 받았고, 대학원에 진학하여 고체의 성질에 관한 연구로 1949년 물리학 박사학위를 받았다.

박사학위 논문을 준비하면서 과학사에 흥미를 가지게 된 쿤은 당시 널리 받아들여지던 논리실증주의의 설명이 실제의 과학 발전 과정을 제대로 반영하고 있지 못하다는 것을 알게 되었다. 1947년 쿤은 화학자이면서 교육학자로 당시 하버드 대학 총장이었던 제임스 코넌트James B. Conant가 개설한 '비자연계 학생을 위한 자연과학개론' 강의를 돕게 되었다. 이를 계기로 그는 과학사를 본격적으로 공부하기 시작했다.

1948년부터 1951년까지 쿤은 하버드 대학 펠로 협회의 주니어 펠로Junior Fellow로 선정되어 과학사를 중심으로 철학, 언어학, 사회학, 심리학 등의 인접 분야에 관한 자료들을 조사하고 연구했다. 이를 통해 그는 물리학뿐만 아니라, 인문학과 사회과학 분야까지 관심을 넓힐 수 있었다. 후에 그는 『과학혁명의 구조』의 머리말에서 하버드 대학의 주니어 펠로로 있던 3년여가 그가 물리학에서 과학사와 과학철학으로 전공을 바꾸게 하는 데 결정적인 역할을 했다고 회고했다.

그 후 쿤은 1956년까지 하버드 대학의 교양 과정 및 과학사 조교수로 재직했다. 이 시기에 쿤은 코페르니쿠스에 대한 연구를 통해 과학 발전 과정에 대한 자신의 생각을 더욱 정교하게 가다듬었다. 쿤은 1957년에 코페르니쿠스가 새로운 천문체계를 정립하는 과정에서 보여 주는 혁명적인 모습과 보수적인 모습에 대한 분석을 담은 그의 첫 번째 저서 『코페르니쿠스 혁명

The Copernican Revolution』을 출판하여 과학사학자로 학계의 주목을 받기 시작했다.

『코페르니쿠스 혁명』을 출판하기 한 해 전인 1956년에 쿤은 버클리 대학으로 자리를 옮겨 철학과와 사학과에서 강의했고, 1961년에 버클리 대학의 과학사 교수가 되었다. 과학 발전 과정을 새롭게 조명하는 과학혁명 이론을 정립한 것은 버클리 대학에 있던 1958년에서 1959년 사이였다. 과학의 발전 과정을 패러다임과 과학혁명을 이용하여 설명한 그의 『과학혁명의 구조*The Structure of Scientific Revolution*』는 1962년에 영국에서 『통합과학 국제 백과사전』 시리즈의 일부로 처음 출판되었고, 시카고 대학 출판부에 의해서도 출판되었다.

과학 발전 과정에 대한 혁신적인 분석을 담은 『과학혁명의 구조』는 과학사와 과학철학 분야에 큰 충격을 주었다. 책이 출간되고 얼마 지나지 않아 이 책의 내용을 주제로 한 학회가 여러 곳에서 열렸던 것만 보아도 이 책이 준 충격을 짐작할 수 있다.

1964년부터 1979년까지 쿤은 프린스턴 대학의 과학사 교수를 역임하면서 1972년부터 1979년까지는 프린스턴 대학 구내에 있던 프린스턴고등연구소의 연구원을 겸임하기도 했다. 쿤은 프린스턴에 있던 시기에 에너지 양자 개념을 도입한 독일 물리학자 막스 플랑크Max Planck(1858-1947)를 중심으로 한 양자역학의 형성 과정을 연구하고 『흑체 이론과 양자적 불연속*Black-Body Theory and the Quantum Discontinuity*』(1978)을 출간했다. 1977년에 쿤은 과학사와 과학철학에 대해 보다 이론적인 수준에서 써 두었던 글들을 모아 『본질적 긴장*The Essential Tension*』이라는 제목으로 출간했다.

1979년에 MIT의 언어학과 및 철학과로 자리를 옮긴 쿤은 1991년 은퇴할 때까지 그곳에서 록펠러석좌교수로 재직했다. 1991년에 은퇴한 쿤은 1996년에 폐암으로 인해 74세를 일기로 세상을 떠났다. 그가 죽고 4년이 지난 2000년에는 1970년부터 1993년 사이에 발표했던 철학 논문들과 대담을 모은 『구조 이후의 도정*The Road Since Structure*』이 출간되었다. 쿤은 물리학자로 학계에 발을 들여놓았지만 과학사학자와 과학철학자로서 뚜렷한 업적을 남겼다.

제2장
『과학혁명의 구조』의 배경이 된 과학철학

1. 논리실증주의와 '수용된 견해'

쿤의 『과학혁명의 구조』에서 주로 비판의 대상이 된 논리실증주의를 시작한 사람들은 다양한 학문적 배경을 가진 30여 명의 학자들이 모여 철학적 주제에 대해 토론했던 비엔나 서클이었다. 비엔나 서클의 중심인물은 물리학으로 박사학위를 받은 후 철학을 공부한 모리츠 슐리크Moritz Schlick(1882-1936)였고, 비엔나 서클의 정신적인 지주는 과학 연구는 철저하게 감각경험을 바탕으로 해야 한다고 주장했던 에른스트 마흐Ernst Mach(1838-1916)였다. 비엔나 서클에서는 마흐 외에도 헤르만 헬름

홀츠Hermann Helmholtz, 앙리 푸앵카레Jules-Henri Poincaré, 피에르 뒤앙Pierre Duhem, 알베르트 아인슈타인Albert Einstein을 비롯한 과학자들과 버트런드 러셀Bertrand Russell이나 루트비히 비트겐슈타인Ludwig Wittgenstein과 같은 철학자들의 저술들을 읽고 이에 대한 토론을 통해 20세기 초에 이루어진 과학 분야에서의 발전이 지니고 있는 철학적 의미에 대해 탐구했다.

비엔나 서클 참가자들 중에는 저명한 과학자, 수학자, 철학자도 있었지만 박사 과정을 밟고 있던 젊은 학생들도 포함되어 있었다. 1928년에는 슐리크를 회장으로 하는 마흐 협회Mach Society가 창립되었는데, 이 학회의 목적은 대중을 대상으로 하는 강연을 통해 과학적인 세계관을 확산시키는 것이었다.

비엔나 서클에 속했던 학자들의 공통 관심사는 과학 분야에서 이루어진 혁신적 변화를 반영하는 과학철학을 정립하는 것이었다. 논리실증주의의 핵심 내용은 "명제의 의미는 그 명제를 검증verification하는 방법과 동일하다"라는 말에 잘 나타나 있다. 이것을 '검증 가능성 원리'라고 부른다. 논리실증주의자들은 감각경험을 통해 검증될 수 있는 명제만을 다루는 과학과 검증이 가능하지 않은 무의미한 명제를 다루는 형이상학을 구별하고 형이상학에 대한 논의를 철학에서 배제하려고 했다.

비엔나 서클은 독일에서 파시즘이 대두되면서 빠르게 위축되었고, 1938년 오스트리아가 독일의 영향력 아래 들어간 후 정치적 이유로 비엔나를 떠나거나 핵심 인물들이 세상을 떠나면서 해체되기 시작했다. 그러나 영국이나 미국으로 이주한 비엔나 서클 출신 인물들에 의해 논리실증주의의 국제화가 진행되었고, 이는 현대 분석철학 발전에 큰 영향을 주었다.

특히 미국으로 망명한 루돌프 카르나프Rudolf Carnap와 허버트 파이글Herbert Feigl 등은 그들의 생각에 호의적이었던 미국 철학자들의 도움을 받아 영향력을 확장해 갔다. 이 과정에서 미국의 실용주의적 철학 풍토에 어울리지 않았던 많은 부분이 사장되거나 변형되었다. 현재 알려져 있는 논리실증주의는 비엔나 서클의 전통적인 생각이라기보다는 미국화 과정에서 변형된 논리실증주의라고 할 수 있다. 미국에서 이들의 생각은 '널리 받아들여진 견해'라는 뜻으로 '수용된 견해received view'라고 불렸다. 수용된 견해에서는 과학의 발전 과정을 지식 축적적 과정이라고 보았다. 다시 말해 실험적 검증을 통해 자연 현상과 일치된다고 확인된 사실들이 축적되어 과학의 지식 체계를 형성하고 발전해 간다는 것이다. 쿤의 과학혁명 이론은 수용된 견해에 대한 반론이라고 할 수 있다.

2. 칼 포퍼의 반증주의

쿤의 『과학혁명의 구조』에서 비판의 대상이 된 또 다른 과학철학은 칼 포퍼의 반증주의이다. 과학철학자 중에서 과학자들에게 가장 널리 알려진 사람은 오스트리아 태생의 영국 철학자 칼 포퍼Karl Raimund Popper(1902-1994)일 것이다. 대학을 졸업하고 고등학교에서 수학과 물리학을 가르치던 포퍼는 1935년에 『탐구의 논리』를 출판했다. 후일 『과학적 발견의 논리』라는 제목으로 다시 출판된 이 책에서 포퍼는 심리학, 자연론, 귀납주의, 논리실증주의를 비판하고 과학과 비과학을 구분하는 기준으로 반증 가능성을 제시했다.

포퍼는 한때 비엔나 서클에 속한 학자들과도 교류했다. 그러나 포퍼는 논리실증주의자들이 경험적 사실의 축적을 통해 과학이 진보한다고 생각하는 것에 반대했다. 포퍼도 경험이 지식의 근원이라는 것은 인정했지만, 경험적 사실의 축적을 통해 일반 원리를 귀납해 나가는 방법으로는 과학이 진보할 수 없다고 믿었다. 아무리 많은 경험적 사실이 축적된다고 해도 그것으로부터 일반적인 원리를 유도해 내는 것이 가능하지 않다는 것이다. 경험적 실증 가능성을 과학적 명제의 기준으로 제시했던 논리실증주의에 대한 이런 비판으로 인해 포퍼는 비엔나 서클에 대한 공식적 반대자라는 평을 듣기도 했다.

포퍼는 과학적 진보는 과학자들이 창의적인 추론을 통해 가설을 제안하고, 이 가설이 옳지 않다는 경험적 반증을 찾아내는 방법을 통해 진보한다는 반증주의를 역설했다. 반증이 발견되기 전까지는 가설이 사실로 받아들여지지만, 일단 반증이 발견되면 가설을 폐기하고 다른 대안을 찾는다는 것이다.

포퍼는 기존 이론의 문제점을 발견하기 위해 지속적으로 노력하다가, 문제점이 발견되면 기존 이론을 폐기하고 새로운 대안을 찾는 연구 태도를 '비판적 연구'라고 규정했다. 포퍼에 따르면 비판적 연구는 과학적 연구 방법의 가장 큰 특징이다. 포퍼는 비판적인 태도로 진리를 탐구하는 과학자의 삶에 일종의 도덕적 숭고함까지 부여하려고 했다. 많은 과학자가 포퍼의 과학관에 호의적인 것은 이 때문이다.

제3장
『과학혁명의 구조』 읽기

『과학혁명의 구조』는 1962년에 초판이 출판되었고, 7년 후인 1969년에 개정판이 출판되었다. 우리나라에서는 1980년에 처음 번역 출판되었고, 1992년과 1999년에 개역 번역본이 출판되었다.* 1969년에 출판된 『과학혁명의 구조』는 1962년 초판에 수록되었던 13개 장과 개정판을 출판하면서 첨가한 '추가-1969'로 이루어져 있다.

과학사의 역할을 다룬 1장은 서론에 해당하고, 2장에서 5장까지는 정상과학이 성립하는 과정과 정상과학의 특징을 다루

---

* 토머스 쿤, 『과학혁명의 구조』, 김명자 옮김, 까치, 1999.

었으며, 6장에서 8장까지는 정상과학에 나타난 이상 현상으로 인한 정상과학의 위기에 대해 설명했고, 9장에서 13장까지는 새로운 패러다임의 정립을 통해 과학혁명이 완성되어 새로운 정상과학으로 진입해 가는 과정을 설명했다. '추가-1969'에는 초판을 읽은 독자들이 제안한 여러 가지 비판에 대한 해명과 수용을 다룬 내용이 포함되어 있다.

이 책의 서문에는 쿤이 패러다임과 과학혁명이라는 개념을 생각해 내기까지의 과정이 자서전식으로 설명되어 있다. 서문에서 특히 눈이 띄는 부분은 쿤이 1958년부터 1959년까지 행동과학연구소Center for Advanced Studies in the Behavioral Science의 초청을 받아 주로 사회학자들로 구성된 공동체에서 생활하면서 사회과학을 전공하는 사람들과 자연과학을 전공하는 사람들로 이루어진 사회의 차이를 체험한 것이 자신의 과학혁명 이론을 구체화하는 데 중요한 계기가 되었다고 설명해 놓은 부분이다. 기본적인 이론에서부터 의견의 일치를 보지 못하고 있는 사회과학자 사회를 체험하면서 과학자 사회의 특징을 분명하게 알게 되었고, 그런 과학자 사회가 과학을 발전시켜 가는 과정을 새로운 방법으로 분석할 수 있게 되었다는 것이다.

이 책에서 쿤은 자신의 모델을 증명하는 예를 많이 제시해 놓았다. 그런데 이런 예들은 대부분 물리학의 발전 과정에 있었던 에피소드들이고, 일부 예들은 화학의 발전과 관련되어 있다. 따라서 이 책에서 제시한 과학혁명을 통한 발전 모델이 모든 과학 분야에 해당되는 것이 아니라 주로 물리학 분야에 적용할 수 있으며, 일부 화학 분야의 발전 과정에도 적용할 수 있는 것으로 이해될 수도 있다.

이런 점을 염려한 쿤은 자신의 과학혁명 모델을 증명하는 예를 물리학이나 화학뿐만 아니라 다른 과학 분야에서도 얼마든지 발견할 수 있지만, 이 책에서 주로 물리학의 발전 과정을 예로 든 것은 일관성을 유지하기 위함과 물리학자라는 자신의 한계 때문이라는 것을 밝혀 놓았다.

1. 서론: 역사의 역할

1장에서 쿤은 본격적인 과학 발전 모델을 설명하기 전에 우선 과학사를 연구하는 사람들이 어떤 연구를 하는 사람들이며, 과학사 연구를 통해 답해야 할 연구 주제가 어떤 것이 되어야 하는지에 대해 설명하고, 이 책에서 이런 주제를 어떻게 다루어 나갈 것인지를 설명해 놓았다. 이 책의 많은 부분은 과학이 지식 축적적 과정을 통해 발전해 왔다고 설명한 논리실증주의의 주장을 반박하고 비판하는 데 할애되었는데, 이런 비판은 1장에서부터 시작된다. 1장에 제시되어 있는 논리실증주의를 비판한 내용의 요지는 다음과 같다.

과학이 교과서에 실린 사실·이론·방법의 집합이라면, 과학자는 성공적이든 아니든 간에 그 집합에 한두 가지 요소를 더 보태기 위해 애를 쓰는 사람이 된다. 그리고 과학의 발전 과정은 시간이 흐름에 따라 날로 쌓여 가는 과학과 기술 더미에 새로운 사실들이 더해지는 과정이 되고, 과학사는 과학 지식이 축적되어 가는 과정과 그런 축적을 방해해 온 장애물들의 역사를 기록하는 분야가 된다. 그렇게 되면 과학사학자들은 언제, 누구에 의해 어떤 과학적 사실이나 이론이 발견되었거나 창안되었는지를 알아내고, 과학의 발전을 방해해 온 오개념이나 미신의 잔재를 찾아내 이들이 과학 발전 과정에서 어떤 역할을 했는지를 설명해야 한다.

그러나 최근에 몇몇 과학사학자들은 축적에 의한 발전이라는 개념으로는 과학의 발전 과정을 제대로 설명하기 어렵다고 느끼고 있다. 이런 방법으로는 '산소는 언제 발견되었는가?', '에너지 보존을 처음 알아낸 사람은 누구인가?'와 같은 질문의 답을 찾아낼 수 없음을 알게 된 것이다. 따라서 과학사학자들은 이런 질문마저 잘못된 것이 아닌가 하는 의구심을 갖게 되었다. 이런 사실은 과학의 발전이 경험적 사실의 축적에 의해 이루어지는 것이 아닐 수 있다는 생각을 하게 했다.

과학사학자들은 과학적 사실이라고 생각해 오던 것들과 오류나 미신으로 단정했던 것들을 구별하는 데 점점 어려움을 느끼고 있다. 예를 들면 고대 그리스의 아리스토텔레스 역학, 18세기에 화학에서 널리 받아들여지던 플로지스톤 학설, 또는 19세기 초까지 열역학 분야에서 받아들여지던 열소설을 자세하게 조사하면 이들이 현대 과학의 이론들보다 덜 과학적이지 않다는 것을 발견할 수 있다. 과거의 과학 이론들을 신화라고 부른다면 신화는 현대 과학에서도 만들어지고 있다는 것을 부정하기가 어렵다.

자신들이 그렇게 하고 있다는 것을 의식하지 못한 채 과학사학자들은 새로운 유형의 질문을 제기하고 지식의 축적에 의한 과학의 발전과는 다른 방법으로 과학의 역사를 이해하기 시작했다. 과학사학자들은 이제 과거 과학이 후세 과학에 끼친 영향을 이야기하는 대신, 당시 과학 자체의 완전성을 드러내 보이려고 애쓰고 있다. 그들은 현대 과학의 관점에서 갈릴레이 역학을 다루는 것이 아니라, 동시대에 과학 분야에 종사했던 사람들 사이의 관계와 그들이 자신들의 체계 안에서 자연을 어떻게 파악하고 있었는지에 관심을 가지게 되었다.

서로 다른 학파들이 세상을 바라보는 방식과 과학 활동을 수행하는 방식을 동일한 기준으로 비교하는 것은 가능하지 않다. 과학은 관찰과 경험을 통해 어떤 것은 믿을 만한 사실이고 어떤 것은 그렇지 않은지를 가려내는 활동이라고 할 수 있다. 다시 말해 과학은 인정할 수 있는 믿음의 범위를 제한하는 활동이라고 할 수 있다. 그러나 경험과 관찰뿐만 아니라 임의적인 것처럼 보이는 요소들도 믿음의 범위를 제한하는 데 중요한 역할을 한다.

과학에 이러한 임의적인 요소가 개입된다는 것은 과학자들이 과학적 연구를 수행할 때도 어떤 믿음을 바탕으로 하고 있다는 것을 의미한다. 성숙된 과학에서는 '우주를 구성하는 근본적인 실체는 무엇인가, 그리고 이 실체들은 어떻게 상호작용하고 있으며, 인간의 지각과는 어떻게 상호작용하는가?'와 같은 질문의 해답이 과학자를 양성하는 교육 과정에 이미 내재되어 있다. 과학자를 양성하는 교육은 철저하고 확실하기 때문에 교육 과정에 내재되어 있는 질문과 질문의 해답은 과학자 정신에 큰 영향을 끼친다.

과학의 발전 과정에 대한 논리실증주의의 설명을 비판한 쿤은 지식 축적 과정과는 다른 새로운 과학 발전 모델을 이 책에서 어떻게 전개해 나갈지를 설명해 놓았다. 그는 3장에서부터 5장까지에 설명되어 있는 정상과학normal science에 대해 검토하게 되면 '과학적 연구 활동은 전문가 양성 과정에서 제공되는 개념의 범주 안으로 우리의 생각을 밀어 넣는 활동'이라고 한 말을 이해할 수 있을 것이라고 설명하고, 교육이 만들어 낸 개념들이 없이는 과학 연구가 수행될 수 없다는 것을 보여 주겠다고 했다. 과학 발전에 중대한 영향을 끼치는 요소들에 대하여 다룬 6장에서 8장까지에서는 정상과학 시기의 연구 활동의 특성에 대해 설명할 예정이라고 했다. 여기서 그는 과학자들이 세상이 무엇인지를 알고 있다는 전제하에 연구 활동을 수행하고 있으며, 상당한 대가를 치르고서라도 그러한 전제를 고수하려고 하기 때문에 정상과학은 기본 전제와 다른 새로운 연구를 억제하게 된다는 것을 보여 주겠다고 했다.

그러나 기존의 규칙과 방법으로 풀리지 않는 문제가 발견되고, 전문적인 예측과 맞지 않는 이상 현상이 반복해서 나타나면 정상과학이 위기에 처하게 된다. 다시 말해 전문가들이 기존의 방법으로 해결할 수 없는 이상 현상들을 더 이상 회피할 수 없게 되었을 때 과학 연구를 위한 새로운 전통을 만들어 내기 위하여 비상적인extraordinary 연구가 시작된다. 전문 분야의 공약의 변동을 이끌어 내는 비상적인 연구 활동이 과학혁명scientific revolution이다. 과학혁명은 정상과학에서의 전통을 기반으로 하는 연구 활동에 전통의 파괴 가능성이 덧붙여진 것이라고 할 수 있다. 과학혁명의 대표적인 예들은 흔히 혁명이라는 말로 표현되어 온 위대한 발견들이다.

쿤은 이 책의 9장과 10장에서 코페르니쿠스, 뉴턴, 라부아지에, 그리고 아인슈타인과 관련된 과학사의 중요한 전환점을 예로 들어 과학혁명의 성격을 자세하게 분석할 것이라고 했다. 과학자 사회에서 널리 받아들여지던 과학 이론을 거부하고 기존의 이론과는 양립할 수 없는 새로운 이론을 제시한 이들의 연구는 과학혁명의 성격을 잘 보여 줄 것이다. 이들이 이루어 낸 혁명은 과학 연구의 대상이 되는 문제들을 변화시켰고, 어떤 문제를 과학적인 연구 과제로 삼을 것인지, 그리고 합법적인 문제 풀이는 어떤 것이어야 하는지를 결정하는 기준을 변화시킬 것이라고 했다.

11장에서는 교과서의 전통을 분석하여 이전에는 왜 과학혁명이 겉으로 드러나지 않았는지를 설명하고, 12장에서는 이전 정상과학 전통의 옹호자들과 새로운 전통을 만들려는 사람들 사이에서 벌어지는 경쟁에 대해 설명할 것이라고 했으며, 마지막 13장에서는 혁명을 통한 발전이 과학 발전의 독특한 특성과 어떻게 양립할 수 있는지에 대해서 알아볼 예정이라고 했다.

2. 정상과학에로의 길

과학의 발전 과정을 새롭게 분석한 쿤의 과학혁명 모델을 한마디로 요약하면 과학이 '정상과학 이전의 과학 → 정상과학 → 과학혁명 → 새로운 정상과학'의 과정을 밟아 가면서 발전한다는 것이다. 이것은 과학이 기존의 지식 체계에 새로운 지식을 추가하면서 점진적으로 발전해 간다는 기존의 설명과는 크게 다른 것이다. 이 책에서는 각 단계에서 이루어지고 있는 연구 활동의 특징과 과학자 사회의 반응을 설명하고 있다. 그 첫 번째 단계로 2장에서는 정상과학이 확립되기 이전의 과학 활동의 특징을 설명했다. 정상과학 이전 시기의 과학 활동의 특징을 살펴보기 위해서는 우선 정상과학이 무엇인지 알아야 한다.

정상과학normal science은 하나 이상의 과학적 성취에 확고하게 기반을 둔 연구 활동을 말한다. 정상과학의 기반이 되는 과학적 성취는 특정한 과학자 사회가 일정 기간 동안 연구 활동의 기초로 삼는 이론이나 개념 체계이다. 이러한 과학적 성취들은 과학 교과서에 자세하게 설명되어 있다. 교과서에서는 수용된 이론의 요지들을 상세하게 설명하고 그 성공적인 적용 사례들을 해설하며, 관찰과 실험에 이들을 응용하는 예들을 보여준다.

오랫동안 과학 분야의 유명한 고전들이 교과서와 비슷한 기능을 했다. 아리스토텔레스의 『자연학』, 프톨레마이오스의 『알마게스트』, 뉴턴의 『프린키피아』와 『광학』, 프랭클린의 『전기에 관한 실험과 관찰 기록』, 라부아지에의 『화학원론』, 라이엘의 『지질학』과 같은 고전들은 합당한 연구 활동과 연구 방법이 어떤 것이어야 하는지를 묵시적으로 정의해 주는 역할을 했다.

이들이 이루어 놓은 성취들은 많은 추종자를 이끌어 낼 수 있을 정도로 영향력이 큰 것임과 동시에 모든 유형의 문제를 후대 연구자 그룹이 해결하도록 남겨 놓을 만큼 상당히 융통성이 있었다. 이 두 가지 특성을 띠는 성취를 쿤은 '패러다임Paradigm'이라고 정의했다. 다시 말해 정상과학에서의 연구 활동의 기초가 되는 위대한 성취를 패러다임이라고 정의한 것이다. 이것은 이 책에 처음 등장하는 패러다임의 정의이다.

패러다임이라는 말은 이제 과학사나 과학을 본격적으로 공부하지 않은 사람들도 자연스럽게 사용하는 일상 용어가 되었다. 따라서 사람들은 패러다임이 무엇인지 알고 있다고 생각한다. 그러나 패러다임이라는 말을 처음 사용하기 시작한 이 책을 읽다 보면 오히려 패러다임의 의미가 불분명해질 수도 있다. 이 책에서 패러다임이 여러 가지 다른 뜻으로 사용되고 있기 때문이다. 과학혁명 이론에서 핵심적인 역할을 하는 패러다임을 이렇게 여러 가지 다른 의미로 사용한 것은 쿤의 이론이 많은 사람으로부터 비판받는 주된 이유가 되었다.

이런 비판을 받아들인 쿤은 1969년에 출판된 개정판에서 패러다임이라는 용어 대신에 '전문 분야 행렬'이라는 용어를 사용했다. 패러다임이라는 단어가 여러 가지 개념을 포괄하고 있다고 설명하는 대신, 전문 분야에서 연구 활동을 하는 연구자들이 공통적으로 가지고 있는 여러 가지 요소들의 집합을 전문 분야 행렬이라고 하자는 것이다. 쿤은 전문 분야 행렬에 속하는 요소들이 어떤 것들인지를 예시하는 대신 요소들을 몇 가지 유형으로 분류해 놓았다. 그러니까 이 책에서는 패러다임이라는 말이 전문 분야 행렬을 이루는 모든 요소들을 통칭한다고 할 수 있다.

패러다임이라는 용어가 가져온 비판과 그런 비판을 잠재우려는 쿤의 노력에도 불구하고 쿤의 과학혁명 이론은 패러다임이라는 말과 밀접한 관계를 가지고 있다. 일반인들은 물론 과학자나 과학사학자들도 전문 분야 행렬이라는 용어보다는 패러다임이라는 말을 더 널리 사용하고 있다. 『과학혁명의 구조』를 읽으면서 각 문장에서 패러다임이라는 말이 어떻게 다른 뜻으로 사용되고 있는지를 확인해 보는 것도 이 책을 재미있게 읽을 수 있는 한 방법이 될 것이다.

『과학혁명의 구조』에서 쿤은 패러다임이라는 용어를 바탕으로 하여 과학 발전 과정에 있었던 과학 연구의 전통을 잘 설명할 수 있는 모델이 존재함을 보여 주려고 했다. 과학사학자들이 '프톨레마이오스의 천문학', '아리스토텔레스의 역학', '입자 광학'이라고 부르는 전통들이 그러한 것들이다. 패러다임에 대한 교육은 과학자 지망생들을 과학자 집단의 구성원이 될 수 있도록 준비시키는 과정이다. 이런 과정을 거친 후 과학자 집단에 합류한 사람들은 과학 활동에 대한 동일한 기준을 지키게 되므로 기본 개념에 대한 첨예한 의견 충돌이 빚어지는 일이 줄어든다. 하나의 패러다임에서 이와는 양립할 수 없는 다른 패러다임으로의 전환이 과학혁명이며, 과학혁명은 과학의 발전 과정에서 나타나는 통상적인 발전 양상이라는 것이다.

그러나 쿤은 패러다임이 확립되어 있지 않은 정상과학 이전 시기의 과학 활동은 패러다임이 확립된 정상과학 시기의 연구 활동과는 크게 다르다고 했다. 뉴턴 이전 시대에는 빛의 본질에 대한 널리 수용된 단일한 견해가 나타나지 않았다. 다시 말해 패러다임이라고 부를 만한 것이 없었다. 어떤 사람들은 빛을 물체로부터 발산되는 입자라고 했고, 어떤 사람들은 빛이 물체와 눈 사이에 있는 매질의 변형이라고 믿었다. 또 다른 사람들은 물체가 발산하는 것과 매질의 상호작용으로 빛을 설명했다.

뉴턴은 그것들로부터 통일적으로 수용된 물리광학의 패러다임을 최초로 이끌어 냈다. 패러다임이 확립되어 있지 않던 시기에는 관찰과 실험에 대한 선택이 비교적 자유로웠다. 연구자들마다 설명해야 한다고 생각했던 현상이나 방법의 기준이 달랐기 때문이다. 광학 분야의 패러다임이 확립되기 이전의 광학의 발전 과정은 뉴턴의 물리광학 패러다임이 확립된 후의 발전 과정과는 크게 달랐다.

18세기 전반에 이루어진 전기학의 역사 역시 패러다임이 확립되기 이전의 발전 양상을 잘 보여 준다. 이 시기에 전기 실험자들은 전기의 본성에 대해 각기 다른 주장을 펼쳤다. 이들은 모두 전기에 대해 실험했고, 서로의 논문을 읽었지만 전기의 본성에 대한 그들의 생각은 크게 달랐다. 전기학 분야에서는 프랭클린의 연구 이후에야 전기 현상을 일반적으로 설명할 수 있는 하나의 이론이 출현했으며, 후세대가 연구 활동의 기준으로 삼을 패러다임이 확립되었다.

패러다임 혹은 패러다임의 후보가 없는 상태에서는 과학 발전에 관계될 수 있는 사실들이 모두 그저 비슷비슷하게 연관된 사실들로 보이기 쉽다. 따라서 이 시기의 사실-수집fact-gathering은 이후의 과학적 발전에서 나타나는 활동과는 비교도 안 될 정도로 거의 무작위적인 활동이 되고 만다. 패러다임이 확립되지 않은 상태에서는 특정한 형태의 보다 심오한 정보를 수집해야 할 이유가 없으므로, 사실 수집은 손쉽게 얻을 수 있는 자료 더미를 쌓는 데 그친다.

패러다임이 확립되어 있지 않은 시기에는 같은 현상에 대해서도 사람들마다 제각기 다른 방식으로 그 현상들을 기술하고 해석할 수밖에 없다. 비과학 분야에서는 이런 양상이 오랫동안 지속되는 것과는 달리 과학 분야에서는 초기의 분열 양상이 점차 사라진다. 처음에는 서로 다른 견해들 사이의 차이가 줄어들다가 결국에는 완전히 사라져 버린다. 전문가 그룹의 견해 차이가 사라지는 것은 방대한 정보 더미 중에서 특정한 부분에 주목했던 한 학파의 승리에 연유한다. 전기를 유체라고 생각하고 전도 현상에 특별히 관심을 가졌던 전기 학자들이 바로 그런 학파이다.

하나의 패러다임으로 인정되기 위해서는 그 이론이 경쟁 상대들보다 더 좋아 보여야 하는 것은 틀림없지만, 당면하고 있는 모든 문제를 다 해결해야 되는 것은 아니다. 실제로 모든 문제를 해결할 수 있는 이론은 존재하지 않는다. 패러다임이 확립된 후에는 패러다임이 어떤 실험이 해 볼 만한 가치가 있는지를 알려 준다. 예를 들면 전기학에서 확립된 새로운 패러다임인 유체 이론이 어떤 실험을 해야 하는지를 알려 주었고, 이는 레이던병의 발명으로 이어졌다.

패러다임은 학파 사이의 논쟁을 종식시키고 과학자들에게 올바른 연구의 길에 들어섰다는 자신감을 갖게 하여 보다 정밀한 연구를 하도록 사기를 진작시킨다. 유체설이라는 새로운 패러다임을 확립한 전기학 분야에서는 전기의 본질과 관련된 기초적인 문제에 대해 더 이상 고민하지 않게 된 전기 연구자들이 특정한 이론을 바탕으로 정밀한 실험 장치를 고안하고, 그런 장치들을 체계적으로 활용하여 전기 현상을 더욱 자세하게 연구할 수 있었다.

자연과학의 발달 과정에서는 특정한 개인이나 그룹이 다음

세대의 전문가들을 유인하기에 충분한 성취를 이루게 되는 때에, 그 외의 학파들이 점차 사라진다. 어떤 학파의 퇴조는 그 학파에 속했던 과학자들이 새로운 패러다임으로 전향함으로써 이루어진다. 그러나 어느 시대이든 예전 이론을 고수하는 사람들이 어느 정도 있게 마련이다. 자신들의 연구를 새로운 패러다임에 적용하기를 원하지 않거나 적용시킬 수 없는 사람들은 고립된 채로 연구를 계속한다. 패러다임을 확립한 전문가 그룹은 전문 분야 학술지의 발간, 전문 학회의 결성, 교과 과정에서의 특정한 위치의 주장과 같은 일들을 통해 패러다임을 더욱 공고히 한다.

일단 패러다임이 확립되면 과학자들은 패러다임 자체를 정당화하기 위한 연구는 하지 않아도 된다. 그런 일은 교과서 저자들이 할 일이다. 교과서가 만들어지면 연구자들은 교과서가 끝나는 곳에서 연구를 시작할 수 있다. 따라서 연구자들은 학파에서 관심을 가지고 있는 자연 현상에 대한 미묘하고 설명하기 어려운 문제의 해결에 집중할 수 있다. 이들의 연구 결과는 일반인들을 위해서가 아니라 공유된 패러다임에 대한 지식을 갖추고 있는 전문 분야의 동료들을 위한 간명한 논문 형식으로 발표된다.

쿤은 패러다임이 확립되지 않아 과학자 사회가 형성되지 않은 정상과학 이전 시기에는 과학 서적의 내용과 대상도 달랐다고 설명했다. 패러다임이 확립되기 이전에는 과학 서적이 일반인들도 이해할 수 있도록 쓰이지만, 일단 패러다임이 형성된 후에는 패러다임을 공유한 전문가들만의 비밀문서처럼 바뀐다는 것이다. 중세의 연구를 주도했던 패러다임이 새로운 패러다임으로 전환되던 17세기 초에는 과학 서적을 보통 사람도 읽을 수 있었지만, 19세기 이후에는 물리학의 모든 분야가 일반인들이 접근하기 어려운 내용으로 바뀌었다. 쿤은 이러한 경향을 생물학과 화학에서도 발견할 수 있으며, 사회과학에서는 이러한 변화가 20세기에야 나타났다고 설명했다.

3. 정상과학의 성격

3장에서 쿤은 정상과학에서 이루어지는 과학 활동의 성격에 대해 설명했다. 다시 말해, 확립된 패러다임이 허용하는 보다 전문화된 연구의 성격과 패러다임을 바탕으로 하고 있는 전문가 그룹의 연구 활동은 어떤 것이 되어야 하는가에 대해 설명해 놓았다. 패러다임이 확립되는 과정과 패러다임이 확립된 후의 과학자들의 연구 활동이 어떻게 달라지는지를 설명한 3장의 논지는 다음과 같다.

패러다임은 전문가 그룹이 시급하다고 느끼게 된 몇 가지 문제를 해결하는데, 경쟁 상대들보다 훨씬 성공적이라는 이유로 그 지위를 획득한다. 그러나 '보다' 성공적이라는 말은 단일한 문제에 대해서 '완벽하게' 성공적이라든가 또는 많은 문제에 대해서 '상당히' 성공적임을 의미하지는 않는다. 처음에는 패러다임의 성공이 아직 불완전한 예제들에서 발견될 수 있는 성공의 약속에 지나지 않을 수도 있고, 정상과학에서의 연구 활동은 그런 약속을 실현하는 것을 목표로 수행될 수도 있다. 정상과학에서의 연구자들은 패러다임이 특히 중요하다고 인정하는 문제들과 관련된 지식을 확장시키고, 그런 사실들과 패러다임의 예측 간 일치 정도를 증진시켜, 패러다임을 더욱 명료하게 만듦으로써 그런 목표를 달성하게 된다.

전문가 집단에 속하지 않는 사람들은 패러다임의 역할을 잘 이해하지 못하는 경우가 대부분이며, 따라서 패러다임을 바탕으로 한 연구 활동의 특성을 이해할 수 없다. 패러다임이 확립된 정상과학에서의 연구 활동은 자연을 미리 짜인 고정된 상자 안에 밀어 넣는 시도처럼 보일 수도 있다. 정상과학에서는 과학자들이 새로운 이론의 창안을 목적으로 하지 않으며, 다른 과학자들에 의해 창안된 것들도 받아들이려고 하지 않는 것이 일반적이다. 정상과학에서의 연구 활동의 목표는 패러다임이 이미 제공한 현상과 이론을 명료하게 만드는 것이다.

패러다임에 대한 확신에 근거한 이러한 제한은 과학 발전에 도움이 된다. 고도로 전문화된 좁은 영역의 심오한 문제에 관심을 집중할 수 있게 함으로써 패러다임은 과학자들로 하여금 패러다임이 확립되어 있지 않았다면 상상도 할 수 없었던 자연의 한 부분을 깊이 있게 연구할 수 있도록 한다. 패러다임이 널리 받아들여지는 동안 패러다임에 의존하지 않고는 그 분야의 구성원들조차 상상도 못 하고, 도저히 손댈 수 없었던 문제들을 잘 풀어낸다. 그리고 그들이 이루어 낸 성취의 일부는 영속성이 있는 것으로 판명된다.

쿤은 정상과학 안에서의 사실적 과학 탐구 활동들을 세 가지 핵심적인 유형으로 분류해 놓았다. 첫 번째 유형은 사물의 본질에서 패러다임이 뚜렷하게 드러나도록 하는 사실을 수집하는 활동이다. 이러한 활동에서는 다양한 문제를 해결할 때 패러다임을 적용함으로써 패러다임과 문제의 성격을 명확하게 한다. 천문학에서의 별들의 위치와 광도 측정, 연성의 식 주기와 행성의 공전 주기에 대한 연구, 파장과 스펙트럼의 세기나 전기 전도도에 대한 연구가 그런 연구 활동이다. 많은 과학자는 새로운 발견에 의해서가 아니라 이미 알려진 사실을 다시 확인하거나 더욱 정밀하거나 적용 범위가 넓은, 좀 더 일반적인 방법을 찾아내는 것으로 명성을 얻는다. 이런 활동에서는 패러다임이 중요한 역할을 한다. 패러다임이 없으면 무엇을 연구해야 할 것인가를 결정할 수 없기 때문이다.

두 번째 유형의 과학 활동은 패러다임의 예측을 실험을 통해 확인하는 연구 활동이다. 이런 연구는 첫 번째 유형의 연구보다 더 패러다임에 의존한다. 패러다임이 확인해야 할 사실을 설정해 주기 때문이다. 이론과 실험의 일치를 증진시키는 새로운 영역을 찾아내는 일은 실험과학자들의 기술과 상상력에 끝없는 도전을 요구한다. 연주시차에 대한 코페르니쿠스의 예측을 증명할 수 있게 한 특수 망원경, 뉴턴의 운동법칙을 재론의 여지 없이 증명할 수 있게 한 애트우드 장치, 중성미자의 존재를 확인하기 위한 거대한 섬광 계수기와 같은 특수 장치들은 자연과 이론을 좀 더 일치되도록 만들기 위한 엄청난 노력을 잘 나타낸다.

세 번째 유형의 연구 활동은 정상과학의 사실 수집 활동을 모두 포괄하는 것으로, 패러다임을 명료하게 하기 위해 수행되는 경험적 연구로 이루어진다. 이는 모호했던 패러다임의 문제를 해결하고, 이전에는 단지 관심을 끄는 데 그쳤던 문제들에 대한 해결의 실마리를 제공하는 연구이다. 이런 부류의 연구 활동은 세 가지 부류 중 가장 중요한 연구 활동이다. 보다 수학적인 과학에서는 명료화를 겨냥한 실험의 일부가 물리적 상수를 결정하는 방향으로 진행된다. 뉴턴의 연구는 일정한 거리만큼 떨어져 있는 두 개의 질점 사이에 작용하는 중력의 세기가 얼마나 되는지를 알려 주었다. 그러나 중력상수를 결정하지 않고는 중력의 세기를 결정할 수 없다. 따라서 뉴턴역학의 연구에서는 중력상수를 좀 더 정밀하게 측정하는 연구가 계속 수행되어 왔다. 이 밖에도 아보가드로의 수, 줄의 계수, 전자의 전하량을 정교하게 결정하기 위한 연구들이 계속되었다.

패러다임을 명료화하려는 시도는 보편상수의 결정에 국한되지 않는다. 정량적인 법칙을 얻는 데에도 많은 노력이 필요하다. 기체의 압력과 부피의 관계를 나타내는 보일의 법칙, 전기력에 대한 쿨롱의 법칙, 일과 열량에 대한 줄의 관계식을 결정하는 연구가 이런 범주에 속한다. 이런 종류의 연구에서는 패러다임의 역할이 명료하게 드러나지 않을 수도 있다. 많은 경우 이런 법칙들은 이론에 의존하지 않고 실험 자체를 위해서 진행된 측정들을 검토하여 발견한 것으로 알려져 있다. 그러나 이것은 사실과 다르다.

보일의 실험들은 공기를 탄성의 개념이 적용될 수 있는 유체로 인식되기 전에는 구상되지 못했고, 쿨롱의 실험은 점전하들 사이에 작용하는 힘을 측정하는 장치를 고안할 수 있었기 때문에 가능했다. 이런 장치를 고안할 수 있었던 것은 전기 유체의 입자는 멀리 떨어져서 힘을 작용한다는 것을 알고 있었기 때문이다. 줄의 실험은 패러다임의 명료화를 통해서 정량적인 법칙이 어떻게 나타나는지를 잘 보여 준다.

의미 있는 사실의 결정, 사실과 이론의 일치, 그리고 이론의 명료화는 실험과학이나 이론과학에서 수행되고 있는 연구 활동의 거의 대부분을 차지하고 있다. 그러나 그런 것들이 과학 분야의 연구 활동의 전체를 차지하고 있는 것은 아니다. 과학의 연구 활동에는 비상적인 연구 활동도 포함되어 있다. 과학 활동을 가치 있게 만들어 주는 것은 비상적인 문제들의 풀이이다. 그러나 비상적인 문제는 항상 나타나는 것이 아니라 정상과학의 진보 과정에서 특별한 문제에 봉착하는 경우에만 나타난다. 따라서 정상과학 동안의 과학 활동은 뛰어난 과학자들이 수행하고 있는 연구라고 해도 대부분은 앞에서 분류한 세 가지 범주에 속하게 된다.

4. 퍼즐 풀이로서의 정상과학

새로운 개념이나 현상을 찾아내는 것을 목표로 하지 않는 정상과학에서 수행되는 연구 활동의 특징을 설명하기 위해 쿤은 정상과학에서의 연구 활동을 퍼즐 풀이에 비유했다. 그는 우선 '정상과학의 목표가 새로운 것을 찾아내는 것이 아니라면, 그리고 예측된 결과를 내놓지 못하는 연구를 실패라고 간주한다면 연구 활동은 왜 하는 것일까?'라고 묻고 이 질문의 답을 정상과학에서의 연구 활동이 가지고 있는 퍼즐 풀이와의 유사한 성격에서 찾으려고 시도했다.

그는 미리 결과를 예측하고 있으면서도 정상과학에서의 연구 활동이 계속되는 것은 이러한 연구 활동이 패러다임이 적용될 수 있는 범위와 정확성을 증대시키기 때문이지만, 이것만으로는 헌신적인 연구 활동의 동기를 충분히 설명할 수 없다고 전제하였다. 그리고 답을 이미 알고 있는 그림 조각 맞추기에 많은 시간을 보내는 것과 같은 이유에서 정상과학의 연구 동기를 찾으려고 했다.

쿤에 의하면 결과를 상세하게 예측할 수 있는 경우에도 과학자들이 그런 결과를 이끌어 내는 방법에 흥미를 갖는 것은 정상과학에서의 연구 목표가 새로운 결론이 아니라 그 결론에 이르는 새로운 방법이기 때문이라고 보았다. 이것은 정상과학의 연구 활동의 목표가 복잡한 퍼즐 풀이의 목표와 유사하다는 것을 나타낸다. 쿤은 그런 의미에서 과학자는 퍼즐 풀이의 선수라고 할 수 있으며, 퍼즐 풀이는 연구를 수행하도록 하는 중요한 요소가 된다고 했다.

여기서 퍼즐 풀이라고 하는 것은 조각 그림 맞추기나 글자 맞추기 같은 퍼즐의 답을 찾아가는 과정을 말한다. 정상과학의 연구 활동과 퍼즐 풀이 사이에서는 흥미 있는 유사성을 발견할 수 있다. 조각 그림 맞추기를 예로 들어 보자. 그림 조각들을 이용하여 전혀 다른 창조적인 그림을 만들어 낼 수도 있다. 그러나 그런 것은 올바른 퍼즐 풀이가 아니다. 퍼즐의 올바른 풀이는 빈 공간 없이 그림을 채워 미리 결정되어 있는 그림을 만들어 내는 것이다. 이것은 새로운 그림을 찾아내는 창조적인 작업이라고 할 수 없다. 결과를 미리 알고 있기 때문에 퍼즐을 푸는 사람의 목표는 결과 그림이 아니라 결과 그림에 도달하는 과정이다.

패러다임이 확립되어 있는 정상과학에서는 패러다임에 의해 결과를 예상할 수 있는 문제들이 연구 주제로 선정된다. 이런 연구 주제들만이 과학자 사회가 과학적이라고 인정하고, 과학자들에게 연구 활동에 참여하라고 권장하는 주제가 될 수 있다. 그렇지 못한 주제들은 탁상공론이나 시간 낭비라고 배척받게 된다. 다시 말해 패러다임이 퍼즐 풀이 형태로 전환될 수 없는 문제들을 과학자 사회로부터 분리해 놓는다. 그런 문제들은 패러다임 안에서 해결될 수 있는 문제가 아니기 때문이다. 정상과학이 급속도로 진전하는 것처럼 보이는 것은 퍼즐 풀이에 해당하는 문제들만을 연구 주제로 삼기 때문이다.

그렇다면 과학자들은 새로움을 추구하지 않고 이미 알려져 있는 결과에 이르는 방법에 주목하는 퍼즐 풀이에 왜 그렇게 큰 흥미를 갖는 것일까? 과학자들이 연구 활동에 흥미를 느끼는 데는 유용한 사실을 알아내고 싶어 하는 욕구, 새로운 영역을 탐사하려는 탐사 정신, 자연 현상에서 질서를 발견하려는 욕구, 이미 정립된 지식을 실험하려는 충동 등 여러 가지 이유가 있다. 그러나 정상과학의 연구 활동에서는 이런 것들을 발견하기 어렵다. 일단 과학자 사회에 속하게 되면 연구 활동의 동기가 새로운 양상을 띠게 된다.

과학자들은 이전에는 아무도 풀지 못했거나 제대로 풀지 못했던 퍼즐 풀이에 성공하는 것을 연구 활동의 목표로 삼는다. 가장 위대한 과학자들도 대부분 아직 해결하지 못하고 있던 퍼즐 풀이에 헌신한다. 결과를 미리 예측할 수 있는 퍼줄 풀이가 숙련된 연구자들에게도 매우 매력적인 연구 주제가 된다.

퍼즐 풀이에는 해답이 확실하게 존재할 뿐만 아니라 인정받을 수 있는 결과의 본질과 그런 결과에 이르는 방법을 규정짓는 규칙도 존재한다. 조각 그림을 이용하여 만들어 낸 독창적인 그림이 정답보다 더 근사한 그림이 될 수도 있지만, 그런 그림은 원하는 결과가 아니다. 결과 그림은 그림 조각들을 모두 사용하여 만든 것이어야 하고, 그림이 없는 쪽을 바닥으로 향하도록 배치해야 하며, 빈 공간이 남아 있지 않아야 한다. 글자 맞추기, 수수께끼, 장기 두기와 같은 퍼즐 풀이에도 이와 비슷한 제한 조건들이 있다.

경우에 따라서는 '기존의 견해'와 같은 의미로 사용되기도 하는 '규칙'이라는 말을 폭넓게 사용하기로 하면 '주어진 연구 전통 내에서 접근할 수 있는 문제들이 가지고 있는 공통적인 특성'이라고 할 수 있다. 빛의 파장을 측정하는 기계를 고안하는 사람들의 목표는 특정한 스펙트럼의 파장이 얼마나 되는지를 숫자로 알려 주는 기계를 만들어 내는 것만이 아니다. 그는 자신이 만든 기기가 측정한 값들이 확립된 패러다임에 의해 예측된 결과와 같다는 것을 증명해야 한다.

측정 결과가 이론에 문제가 있다는 결론을 이끌어 내거나, 이론이 예측된 결과와 같지 않은 것으로 판명되면 동료들은 그가 아무것도 측정하지 않았다고 결론지을 것이다. 이런 조건들이 만족되지 않는 경우에는 문제를 해결한 것이 아니라는 의미이다. 이것은 정상과학에서 과학자 사회가 받아들일 수 있는 연구 활동이 퍼즐 풀이의 경우와 비슷한 제한 조건에 얽매이게 된다는 것을 나타낸다.

정상과학에서의 연구 활동에 적용되는 중요한 규칙 중 하나는 과학적 개념과 이론에 관해 명확하게 진술해야 한다는 것이다. 이런 진술은 연구 주제를 설정하고 수용할 만한 해답인지를 결정하는 데 중요한 역할을 한다. 예를 들면 뉴턴의 법칙들이 패러다임을 형성하고 있던 18세기와 19세기에는 질량은 물리학자들이 일반적으로 받아들이던 실체였고, 질량 사이에 작용하는 힘이 중요한 연구 주제였다. 화학에서는 배수비례의 법칙이나 당량의 정비례의 법칙이 그런 역할을 했다. 오늘날에는 맥스웰 방정식과 통계열역학의 법칙들이 그런 역할을 하고 있다.

지역과 시대에 따라 크게 다르지 않으면서도 변모하는 과학의 특성을 가장 잘 나타내는 정상과학의 연구 활동을 규정하는 또 다른 공약은 고차원적이고 형이상학적인 개념이다. 예를 들어 1630년대에 데카르트의 저술들이 출현한 이후 대부분의 물리학자들은 우주는 미시적인 입자들로 이루어졌으며, 자연 현상은 모두 입자의 형태, 크기, 운동, 그리고 상호작용으로 설명할 수 있다고 믿게 되었다. 형이상학적 측면에서 이러한 개념은 과학자들에게 우주는 어떤 유형의 실체를 포함하며, 어떤 것은 포함하지 않는지를 알려 준다. 다시 말해 우주에는 형태를 갖춘 물질이 운동하고 있을 뿐이며, 이는 궁극적인 법칙과 설명의 형태가 어떠해야 하는지를 일러 준다.

마지막으로, 더 높은 차원에서 '이것' 없이는 과학자라고조차 할 수 없는 그런 종류의 공약이 정상과학에 존재한다. 과학자는 세상을 이해하기 위해서 노력해야 하고, 세상이 가지고 있는 질서의 정밀성과 범위를 확장시키는 일에 관심을 가져야 한다는 것과 같은 생각이 그런 공약이다. 이런 공약은 과학자들이 동료들과의 협력을 통해 자연을 세밀하게 연구하도록 유도한다. 정상과학의 연구에서 불규칙한 부분이 완연히 드러나는 경우, 과학자들은 이런 불규칙을 해소하기 위해 패러다임 안에서 실험 기술을 향상시키거나 이론을 더욱 명료하게 하는 연구에 도전하게 된다.

개념적, 이론적, 그리고 방법론적 공약으로 이루어진 촘촘한 그물망의 존재가 정상과학을 퍼즐 풀이와 비유할 수 있는 강력한 이유가 된다. 이런 공약들이 전문 분야 연구자들에게 세상과 과학이 무엇인가를 알려 주는 규칙을 제공하기 때문에 연구자들은 이들 공약과 기존의 지식이 정해 주는 난해한 문제들에 확신을 가지고 집중할 수 있게 된다. 과학자들의 도전 과제가 퍼즐의 해답에 이르는 과정을 찾아내는 것이라는 면에서 퍼즐과 퍼즐 풀이의 규칙들은 정상과학에서 이루어지는 연구 활동의 특성을 잘 나타낸다.

그럼에도 불구하고 정상과학에서의 연구 활동의 결과가 상당한 오류를 낳을 수도 있다. 전문 분야의 연구자들이 모두 그들이 활동하던 시대에 통용되는 규칙들에 따르고 있지만, 그런 규칙들만으로는 전문가들이 공유하는 모든 것을 규정할 수 없다. 정상과학의 연구 활동은 고도로 결정적인 성격의 연구 활동이지만, 모든 것이 규칙에 의해 결정되지는 않는다. 규칙이 패러다임으로부터 파생되지만 패러다임은 규칙이 존재하지 않는 경우에도 연구 활동의 지침이 될 수 있다. 그런 면에서 패러다임은 공유된 규칙이나 가정, 또는 견해라기보다는 정상과학 전통이 일관성을 갖도록 하는 원천이다.

과학자들의 연구 활동을 퍼즐 풀이에 비유한 것은 그 비유의 타당성을 떠나 과학자들에게는 매우 불쾌한 것이 될 수도 있었다. 여러 가지 다른 이유를 들어 쿤의 과학혁명 모델을 비판한 사람들 중에는 과학자들의 연구 활동을 퍼즐 풀이에 비유한 것에 대한 불편한 심정을 에둘러 표현한 이들도 많았다. 쿤이 제시한 과학혁명 모델과 정상과학에서의 연구 활동을 퍼즐 풀이에 비유한 것에 대해 놀라운 발상이라고 감탄하면서도 쿤의 모델이 과학 발전 과정을 완전히 설명하는 완성된 모델이 아니라, 과학의 성격 일부를 설명한 미완의 이론이 아닐까 하는 의혹을 가지게 되는 것 역시 과학의 연구 활동을 퍼즐 풀이에 비유한 것에 대한 불쾌감 때문일지도 모른다.

5. 패러다임의 우선성

5장에서 쿤은 정상과학의 연구 활동을 규정하는 규칙, 정상과학 연구 활동의 일관성의 원천이 되는 패러다임, 그리고 연구자들이 공통으로 받아들이고 있는 가치관이라 할 수 있는 공약을 과학사학자들은 어떻게 구별하고 있으며, 이들 사이에서는 어떤 것이 더 우선할 것인가 하는 문제를 다루었다. 결론부터 말하면, 5장에서 쿤이 주장하고자 하는 것은 패러다임이 규칙이나 공약보다 우선한다는 것이다.

그러나 독자들이 쿤의 설명을 이해하기는 쉽지 않다. 그런 어려움은 명확하게 정의되어 있지 않고 여러 가지 다른 의미를 가지고 있는 패러다임을 규칙이나 공약과 같이 역시 그 의미가 명확하지 않은 개념과 비교하고 있기 때문이다. 『과학혁명의 구조』에서는 패러다임이라는 말을 규칙이나 공약까지도 포함하는 포괄적인 의미로 사용하는 경우가 많아 패러다임과 규칙을 비교하는 것은 마치 자신과 자신의 일부를 비교하는 것처럼 느껴질 수도 있다. 따라서 5장의 내용을 제대로 이해하기 위해서는 패러다임을 포괄적인 의미로서가 아니라 1969년 개정판에 추가된 원고에서 구체적으로 설명한 '표준례exemplar'라는 한정된 의미로 이해해야 한다.

특정한 시대의 전문 분야를 면밀하게 역사적으로 고찰해 보면, 다양한 이론들의 개념적, 관찰적, 그리고 기기적 응용에서 유사한 표준적 설명(표준례)이 반복적으로 나타난다는 것을 알 수 있다. 이런 것들이 교과서와 강의, 그리고 실험에 의해 구현된 과학자 사회의 패러다임들이다. 연구자들은 이런 것들을 고찰하고, 이런 것들에 의거하여 연구 활동에 임함으로써 과학자 사회의 일원이 된다.

그러나 패러다임이 규칙을 결정하는 것은 아니다. 패러다임을 결정하는 것과 규칙을 정하는 것은 약간 다른 종류의 작업이다. 특정한 전문가 그룹의 패러다임과 규칙을 찾아내기 위해서 과학사학자들은 그 전문가 그룹의 패러다임과 과학자 사회 전반의 연구 결과들을 비교해야 한다. 이런 비교를 통해 과학사학자들은 그 전문가 그룹의 구성원들이 일반적인 패러다임으로부터 명시적 또는 묵시적으로 어떻게 다른 규칙들을 전개시켰는지를 찾아내야 한다. 특정한 과학 전통의 출현에 대해 설명하거나 분석하려고 시도한 사람이라면 누구나 일반적으로 받아들여지는 원리나 규칙들을 찾아내려고 노력했을 것이다. 그런 경우 규칙에 대한 탐색이 패러다임을 찾는 것보다 훨씬 더 어렵고, 덜 만족스럽다는 것을 느낄 것이다.

과학자들은 뉴턴, 라부아지에, 맥스웰, 아인슈타인과 같은 인물들이 매우 중요한 문제들의 해답을 얻어 냈다는 것은 인정하지만, 그런 해답들을 영구적인 것으로 만들어 주는 추상적 특징에 대해서는 의견의 일치를 보지 못하고 있다. 다시 말해, 과학자들은 패러다임의 완벽한 해석이나 합리화에는 동의하지 않거나 그런 것에 관심을 가지지 않으면서도 패러다임의 확인에는 동의하는 것을 볼 수 있다. 규칙에 합의하지 못했다고 해도 패러다임이 연구 방향을 설정하는 데는 문제가 없다. 정상과학에서의 연구 활동은 패러다임의 직접적인 점검을 통해 결정되지만 공식화된 규칙들과 가정들의 도움을 받는다. 하나의 패러다임의 존재가 한 벌의 규칙의 존재로 이어지지는 않는다.

그렇다면 패러다임의 직접 점검이라는 말은 무슨 뜻일까? 이런 물음의 부분적인 답변은, 다른 맥락에서이긴 하지만, 루트비히 비트겐슈타인에 의해 전개되었다. 비트겐슈타인은 '의자'나 '잎', 또는 '게임'과 같은 말의 의미를 알기 위해서는 의식적이든 감각적이든 간에 의자나 잎, 그리고 게임이 무엇인지 알아야 한다고 했다. 다시 말해, 이들 단어가 공통으로 지닌 속성을 파악해야 한다는 것이다. 그러나 언어를 사용하는 방식이 정해지고, 우리가 그 말을 적용하는 대상의 유형이 정해진 경우에는 공통의 특성이 존재하지 않아도 된다고 했다.

언어가 공유하고 있는 속성들을 논의하는 것은 그 언어를 어떻게 적용하는가를 익히는 데 도움이 되지만 그 언어가 가리키는 대상에 모두 해당되고, 이들 대상에만 유일하게 적용할 수 있는 특성의 묶음은 존재하지 않는다. 우리는 이전에는 대하지 못했던 대상을 발견하는 경우, 이전에 같은 이름으로 불렀던 대상들과의 유사성을 바탕으로 이들을 특정한 이름으로 규정한다.

단일한 정상과학의 전통 내에서 연구되는 다양한 연구 주제들에서도 이와 비슷한 양상을 발견할 수 있다. 다양한 연구 주제들은 완전한 한 벌의 규칙을 만족시키는 것이 아니라 과학 체계의 유사성과 모형화를 통해서 관계를 맺게 된다. 과학자들은 교육이나 문헌을 통해 접하게 되는 모델부터 연구하게 되는데, 그런 모델들의 어떤 특성이 패러다임의 자격을 확보하게 되었는지를 알지 못하거나 알 필요가 없는 경우가 보통이다. 과학자들이 필요로 하는 것은 완벽한 한 벌의 규칙이 아니라 그들이 속한 전문가 그룹의 연구 전통에서 드러나는 일관성이다. 과학자들이 무엇이 특정한 연구 주제나 풀이를 정당화하는지를 묻거나 문제 삼지 않는 것은, 그들이 적어도 직감적으로 이에 대한 답을 알고 있다는 것을 의미한다. 패러다임은 그것들로부터 유도될 수 있는 연구 규칙보다 우선적이며, 더욱 구속력이 있고, 더욱 완전할 수 있다.

패러다임이 규칙들의 개입 없이도 정상과학을 결정하는 것이 가능한 첫 번째 이유는 정상과학 전통을 주도해 온 규칙들을 찾아내는 것이 매우 어렵기 때문이다. 이것은 철학자들이 특정한 단어로 나타내지는 모든 대상의 공통점이 무엇인지를 찾아내려고 할 때 겪는 어려움과 비슷하다. 두 번째 이유는 과학 교육의 성격에 기인한다. 과학자들은 개념, 법칙, 이론을 추상적으로, 그리고 그 자체로 배우는 것이 아니라 이들의 적용을 통해서 익히게 된다. 새로운 이론은 항상 자연 현상의 구체적 영역에 적용되는 것을 보여 주는 예와 함께 발표된다. 이론이 수용된 후에는 그 이론을 적용하는 예들이 교과서에 실리게 된다.

이런 적용례들은 이론의 정당성을 증명하는 증거로서가 아니라 이론을 이해하는 데 도움을 주기 위해 교과서에 실린다. 예를 들면 뉴턴의 역학을 공부하는 학생들은 '힘', '질량', '공간', '시간'과 같은 개념들을 교과서에 실려 있는 정의로부터 터득하는 것이 아니라 이들을 적용하는 문제 풀이를 관찰하고 문제 풀이에 직접 참여함으로써 이해하게 된다. 실제 계산이나 실습을 통해 배우는 일은 전문화를 위한 전체 연수 과정에 걸쳐 계속된다. 과학 교육의 과정에서 과학자가 스스로 연구에 적용되는 규칙들을 직관적으로 알게 된다고 생각할 수도 있지만, 그렇게 믿어야 할 이유는 없다. 과학자들은 구체적 연구 주제에 내재하는 가설에 대해서는 잘 알고 있지만, 그 분야의 확립된 기반이나 그들이 사용하는 방법들의 특성에 대해서는 비전문가보다 나을 것이 없다. 과학자들이 연구를 성공적으로 수행하는 능력은 규칙에 의지하지 않고도 발휘될 수 있다.

패러다임이 직접 모형이 됨으로써 연구 활동의 지표가 되는 세 번째 이유는 과학 교육의 결과로 과학자 사회가 이미 성취된 문제 풀이를 의문 없이 수용하는 경우, 규칙들이 없어도 정상과학의 연구 활동이 수행될 수 있기 때문이다. 그러나 패러다임이나 모형이 위태롭게 느껴지는 경우에는 규칙들이 중요해지고 규칙들에 대한 관심이 높아진다. 패러다임이 확립되기 이전에는 합법적인 방법, 연구 주제, 풀이의 표준에 대한 논쟁이 벌어지지만, 패러다임이 확립된 후에는 이러한 논쟁이 점차 사라진다. 그러나 패러다임이 공격을 받는 과학혁명 동안에는 이러한 논쟁이 다시 벌어진다. 뉴턴역학이 양자역학으로 이행되고 있던 시기에 물리학의 성격과 규범에 관한 논쟁이 활발하게 진행되었던 것은 이를 잘 설명해 준다.

패러다임이 공유된 규칙과 가정에 우선하는 지위를 차지하는 네 번째 이유는 규칙들과는 달리 패러다임은 광범위한 과학자 집단에 공통적일 필요가 없기 때문이다. 예를 들어 천문학이나 식물 분류학처럼 동떨어진 분야에서 연구하는 연구자들은 전혀 다른 전통에 의해 교육받는다. 그리고 똑같거나 밀접하게 관련된 분야의 연구자들이라고 해도 전공의 세분화 과정에서 상당히 다른 패러다임을 확립할 수 있다. 예를 들어 양자역학은 다수의 과학자 그룹에게 하나의 패러다임이기는 하지만 그들 모두에게 동일한 패러다임은 아니다. 그러므로 그것은 같은 폭을 가지지 않으면서 중첩되는 정상과학의 여러 전통을 동시에 결정할 수 있다. 이들 전통의 어느 하나에서 일어나는 혁명이 다른 분야에까지 반드시 확산되지는 않는다.

물리학자와 화학자에게 헬륨 원자는 원자인가 아니면 분자인가에 대해 물으면 두 가지 다른 대답을 들을 수 있다. 화학자들은 헬륨을 하나의 원자로 이루어진 분자로 본다. 왜냐하면 기체 운동론의 입장에서 보면 분자처럼 행동하기 때문이다. 그러나 물리학자들은 원자로 취급한다. 분자 스펙트럼을 나타내지 않기 때문이다. 쿤은 두 그룹의 과학자들은 동일한 입자에 대해 이야기하고 있으면서도 서로 다른 교육 과정과 문제 풀이 과정의 경험으로 인해 분자에 대해 다른 개념을 가지게 되었기 때문에 헬륨을 분자로 보기도 하고 원자로 보기도 한다고 설명했다.

6. 이상 현상 그리고 과학적 발견의 출현

쿤의 설명에 의하면 정상과학에서의 연구 활동은 새로운 이론을 만들어 내기 위한 연구가 아니다. 그럼에도 불구하고 과학의 역사에는 수많은 새로운 이론이 나타났다. 따라서 과학의 발전 과정을 설명하기 위해서는 정상과학에서의 연구가 어떻게 새로운 이론의 탄생으로 연결되는지를 설명해야 한다. 쿤은 정상과학에서의 연구 활동이 정상과학의 바탕을 이루고 있는 패러다임의 예측과는 다른 결과를 나타내면 정상과학이 위기에 처하게 되고, 위기가 심각해지면 결국은 새로운 패러다임으로의 전환이 일어난다고 설명했다.

그러나 이상 현상의 출현이 즉각적으로 정상과학의 위기를 불러오거나, 패러다임의 폐기로 이어지는 것은 아니라고 했다. 따라서 이상 현상의 출현, 이에 대한 과학자 사회의 저항, 그리고 위기의 심화와 이에 따른 패러다임의 혁명에 이르기까지는 매우 복잡한 과정을 거쳐야 한다. 6장에서 쿤은 우선 이상 현상의 출현 과정에 대해 설명했다.

퍼즐 풀이는 과학 지식의 범위와 정확성의 꾸준한 확장이라는 목표에서 크게 성공적인 고도의 지적 활동이다. 모든 관점에서 정상과학은 과학적 연구의 보편적인 이미지와 잘 들어맞는다. 정상과학은 사실이나 이론의 새로움을 목표로 하지 않기 때문에 성공적인 경우라도 새로운 이론이 찾아지지 않는다. 그럼에도 불구하고 과학 연구에 의해 새로운 사실이 끊임없이 밝혀졌고, 새로운 이론들이 창안되어 왔다.

따라서 이런 일이 어떻게 가능한지를 설명할 수 있어야 한다. 과학의 이런 특성이 정상과학에서의 연구 활동과 조화를 이루려면 정상과학의 연구 활동이 패러다임의 변화를 유발하는 효과적인 방법을 가지고 있어야 한다. 그것은 이전과는 다른 새로운 이론을 만들어 내는 일이다. 새로운 이론이 나타나 과학의 일부로 인정받으면 이 이론이 등장한 분야의 전문가들이 하는 일은 정상과학에서의 연구 활동과는 크게 달라진다.

6장에서 쿤은 산소의 발견, 엑스선의 발견, 그리고 레이던병의 발명 과정을 예로 들어 새로운 발견이 정상과학에서의 연구 활동 중 이상 현상의 발견에서 시작된다는 것을 보여 주려고 했다. 쿤은 이런 예들을 통해 발견과 창안, 그리고 실험적 사실과 이론 사이의 차이가 지극히 인위적이라는 것을 발견하게 될 것이고, 이것이 과학혁명을 다룬 이 글의 주제들 가운데 몇 가지 문제를 해결하는 중요한 단서가 됨을 알 수 있게 될 것이라고 주장했다.

새로운 이론의 창안은 이상abnormal의 지각으로부터 시작된다. 다시 말해서, 이상 현상의 발견은 자연이 정상과학의 바탕을 이루는 패러다임의 예상들을 어떤 식으로든 위배하고 있다는 것을 인식하는 데서 시작된다. 그러한 이상 현상을 패러다임 안에 수용할 수 있도록 패러다임을 조정할 수 있는 경우, 그것은 더 이상 '이상 현상'이 아니다. 발견이 새로운 사실로 인정받기 위해서는 이론의 추가적인 조정 이상의 무엇인가를 요구하며, 그러한 조정이 완료되기 전까지는 새로운 사실이 과학적 사실로 인정받지 못한다.

사실적, 그리고 이론적 새로움이 과학적 발견과 얼마나 밀접한 관계를 가지는지는 산소를 발견한 연구 활동에서 가장 잘 드러난다. 1770년대 초에 산소를 발견했다고 주장하는 사람들 외에도 많은 사람이 미처 깨닫지 못한 채로 실험실에서 산소를 많이 포함하고 있는 공기를 수집했다. 비교적 순수한 산소 기체의 시료를 처음 얻었던 사람은 스웨덴의 약사였던 칼 빌헬름 셸레였다. 그러나 그는 그런 사실을 공표하지 않았기 때문에 사람들의 관심을 끌지 못했고, 산소 발견의 역사에 아무런 영향을 주지 못했다.

산소의 발견을 주장할 수 있는 두 번째 과학자는 영국의 신학자 겸 과학자였던 조지프 프리스틀리였다. 산화수은으로부터 방출되는 '공기'에 대하여 연구하던 그는 1774년에 이 기체를 '산화질소'라고 했고, 1775년에는 '플로지스톤이 보통의 공기보다 덜 들어 있는 공기'라고 했다. 산소 발견자라고 주장할 수 있는 세 번째 과학자인 프랑스의 화학자 라부아지에는 프리스틀리의 발견 직후 프리스틀리로부터 받은 힌트를 바탕으로 산소에 대한 연구를 시작했다. 1775년 라부아지에는 산소를 '공기 그 자체로서 보다 순수하며 호흡하기에 좋은 공기'라고 했다. 1777년에 라부아지에는 산소가 공기를 구성하고 있는 두 가지 성분 중 하나라고 설명했는데, 이는 프리스틀리로서는 받아들일 수 없는 설명이었다. 두 사람 중 누가 산소를 발견했다고 할 수 있을까? 그리고 산소를 발견한 시기는 언제라고 해야 할까?

프리스틀리가 산소를 발견했다는 주장은 후에 새로운 기체라고 인정된 기체를 처음 분리해 냈다는 데 근거를 두고 있다. 그러나 프리스틀리가 얻은 시료는 순수한 산소 기체가 아니었다. 순수하지 못한 산소를 용기에 모은 사람을 산소의 발견자라고 한다면, 공기를 병에 담은 사람 모두가 산소의 발견자라고 주장할 수 있을 것이다. 프리스틀리를 산소의 발견자라고 하더라도 언제 산소를 발견했느냐 하는 문제는 그대로 남는다.

라부아지에의 경우에도 같은 문제가 발생한다. 1775년의 연구로 그를 산소의 발견자라고 주장하기는 어렵다. 그가 발견한 기체가 공기의 구성 성분이라는 것을 알아낸 것은 1776년과 1777년의 연구에서였기 때문이다. 그러나 라부아지에도 끝까지 산소를 '산성의 원리principle of acidity'라고 주장했다. 그렇다면

1777년에도 산소가 발견되지 않았다고 주장하는 것이 옳지 않을까?

이런 사실은 산소의 발견과 같은 사건들을 분석하는 데 새로운 용어와 개념이 필요함을 나타낸다. '산소를 발견했다'라는 말은 발견이라는 행위를 본다는 행위와 마찬가지로 일회적이고 단순한 행위라고 생각함으로써 발생하는 오해에 바탕을 두고 있다. 그러나 발견은 한순간의 일로 간주될 수 없고, 한 사람에 의해 이루어지는 일도 아니다. 셸레의 업적을 무시한다면 1774년 이전에는 산소가 발견되지 않았다고 할 수 있으며, 1777년쯤에는 산소가 발견되었다고 할 수 있다. 따라서 산소의 발견은 1774년과 1777년 사이에 진행된 수많은 연구 활동의 결과라고 해야 할 것이다. 그러나 이러한 주장 역시 매우 임의적이라는 비판을 피할 수 없다.

새로운 종류의 현상을 발견하는 것은 복합적인 사건이므로 그것을 알아내기까지는 여러 가지 복잡한 과정을 거쳐야 한다. 관찰과 개념화, 그리고 실험적 사실과 이론에의 동화가 발견 과정과 밀접하게 연관되어 있으므로 발견은 시간이 소요되는 하나의 진행 과정이다. 발견이나 발명이 시간이 소요되는 과정이라는 쿤의 지적은 그동안 별다른 생각 없이 '1687년에 뉴턴이 뉴턴역학을 제안했다'라는 식으로 말해 온 내게 매우 신선하게 다가왔다.

그러나 다시 생각해 보면 1687년에 뉴턴이 뉴턴역학을 제안했다고 해서 그전에는 전혀 몰랐던 것을 그해에 알아냈다는 의미로 이야기했던 것이 아니었다. 데카르트에서 갈릴레이, 그리고 뉴턴으로 이어지는 개념 진화의 과정을 무시하거나 몰랐던 것도 아니었다. 그런 것을 알고 있으면서도 관행적으로, 아니면 역사적 사실을 명확하게 기억하기 위한 방법으로 그런 표현을 써 온 것이 아닐까 하고 생각하게 되었다. 발견이나 발명이 시간이 걸리는 과정이라는 쿤의 분석에 동의하면서도 아직도 발견자나 발명자의 이름과 연도를 이야기하는 것은 이 때문일 것이다.

발견이 개념의 동화라는 과정, 즉 시간이 걸리는 과정임을 분명히 한 쿤은 발견이나 발명의 과정에 패러다임의 변화까지도 포함되어야 하는가 하는 문제에 대해 설명했다. 산소 발견의 경우에는 그렇다고 대답할 수 있지만, 항상 그런 것은 아니라는 것이 쿤의 생각이다. 1777년에 라부아지에가 발견한 것은 산소라기보다는 연소에 관한 산소 이론이었다. 이 이론은 매우 광범위한 화학을 재구성하는 계기가 되었기 때문에 화학혁명이라고 부를 만하다. 산소의 발견이 새로운 패러다임 출현의 계기가 되지 못했다면 누가 산소를 발견했느냐는 그다지 중요한 문제가 되지 않았을 것이다.

새로운 현상의 발견자에게 부여되는 가치는 그 현상이 패러다임으로부터 유도된 예측에서 어느 정도 벗어나 있는가에 따라 달라진다. 산소의 발견이 화학 이론의 변화의 원인은 아니었다. 라부아지에는 새로운 기체의 발견에 기여하기 훨씬 전에 플로지스톤 이론에 오류가 있다는 것과 물질이 연소할 때 대기의 성분 중 일부를 흡수한다는 것을 알고 있었다. 산소에 대한 연구는 무언가 잘못되고 있다는 생각에 구체적인 형태와 구조를 갖게 했다. 라부아지에는 기존 이론의 잘못을 인지함으로써 프리스틀리가 볼 수 없었던 것을 보게 되었다.

1895년에 이루어진 뢴트겐의 엑스선 발견은 산소의 발견과는 다른 유형의 발견이었다. 뢴트겐은 자신이 발견한 엑스선이 음극선이 아니라 빛과 일부 유사성을 지닌 어떤 요인 때문이라는 것을 알고 있었다. 산소의 발견과 엑스선의 발견에서 이상 현상의 감지는 새로움을 인지하는 길을 여는 데 필수적인 역할을 했다. 그러나 무엇인가 잘못된 것을 발견하는 것은 발견을 향한 전주곡일 뿐이었다. 산소나 엑스선은 실험과 동화라는 과정을 밟지 않고는 발견될 수 없었다.

그러나 엑스선의 발견은 산소의 발견과는 달리 그 후 10년 동안 과학 이론의 변화를 이끌어 내지 못했다. 확실한 것은 맥스웰 이론이 아직 널리 인정받지 못하고 있었고, 음극선이 입자로 이루어져 있다는 것을 모르고 있던 당시의 패러다임으로는 엑스선을 예측할 수 없었다. 그렇다고 해서 당시의 패러다임이 엑스선의 존재를 부정하지도 않았다.

그러나 엑스선의 발견은 놀라움이나 충격으로 받아들여졌다. 켈빈은 엑스선을 '정교한 속임수'라고 했다. 엑스선은 확립된 이론에 의해 이단시되지 않았음에도 불구하고 확립된 실험과정의 고안과 해석 가운데 묵시적으로 존재하고 있는 확실한 예상들을 위배하고 있었다. 그러나 엑스선의 발견은 특정한 전문 분야의 패러다임의 변화를 불가피하게 만들었다.

과학적 발견의 또 다른 예는 이론에 의해 유도되는 발견으로, 레이던병의 발명이 여기에 해당된다. 앞에서 정상과학의 연구 활동은 새로운 현상의 발견을 목표로 하지 않는다고 했던 것을 생각하면 이론에 의해 유도되는 발견이라는 말은 모순처럼 들릴 수도 있다. 그러나 모든 이론이 패러다임을 형성하고 있는 이론은 아니다. 패러다임이 확립되기 이전이나 대규모 패러다임의 변화가 진행 중인 경우에 과학자들은 발견 방법이 명료화되지 않은 추론적인 이론을 전개하게 된다. 실험 결과와 이런 이론의 예측이 일치하여 이론이 명료화되는 경우 발견이 이루어지며, 이론은 패러다임의 지위를 확보하게 된다.

레이던병의 발명은 이런 특성을 잘 보여 주고 있다. 발명이 시작되었을 때 전기학 분야에는 단일한 패러다임이 존재하지 않았고, 다양한 현상들을 설명하기 위한 여러 이론들이 경쟁하고 있었다. 이런 이론들 가운데 전기 현상을 성공적으로 설명하는 이론은 없었다. 그러나 전기를 유체로 다루는 이론은 물을 채운 유리병에 전기 유체를 담는 시도를 하게 했고, 이는 레이던병의 발명으로 이어졌다.

그러나 레이던병이 실험에 의해 즉각적으로 발견된 것은 아니었다. 그런 장치들은 시간이 흐름에 따라 점차 발전된 형태를 갖추게 되었기 때문에 발견의 시점을 정확하게 특정하기는 어렵다. 앞에서 예로 든 세 가지 발견 사례의 공통된 특성은 이상 현상에 대한 사전 인지, 새로운 관찰 결과와 이론적 인식의 점진적이고 동시적인 출현, 그리고 그 결과로서 패러다임의 변화를 포함한다는 것이다.

이러한 특성은 지각 과정 자체의 성격에 기인한다고 주장하는 사람들도 있다. 심리학에서 검은색이 아니라 붉은색으로 칠한 스페이드 6과 붉은색이 아니라 검은색으로 칠한 하트 4가 섞인 카드를 보여 주고, 그가 본 것을 알아맞히도록 하는 실험을 했다. 처음에는 아무 거리낌 없이 정상적인 스페이드 6 또는 하트 4를 보았다고 하지만, 보여 주는 횟수를 증가시키자 망설이기 시작했고, 이상을 감지하기 시작했다. 그러다가 어느 시점에 이르면 망설이지 않고 그가 본 것을 제대로 알아맞혔다. 지각 작용의 본질을 반영하는 이런 심리학 실험은 과학적 발견의 과정을 매우 잘 보여 준다. 이 실험에서와 마찬가지로 과학의 발견에서도 기존 패러다임의 예측을 고수하려는 장애를 극복한 후에야 이상 현상을 인지하게 된다.

쿤은 무엇을 예측해야 할지를 정확하게 알면서 무엇인가 잘못되어 있다는 것을 깨달을 수 있는 사람에게만 새로움이 그

모습을 드러낸다고 했다. 그는 이상 현상은 패러다임에 의해 제공되는 배경에서만 나타나며, 패러다임이 정확하고 영향력이 클수록 이상 현상과 패러다임의 변화 가능성에 대하여 보다 예민한 지표를 제공한다고 했다.

7. 위기 그리고 과학 이론의 출현

7장에서 쿤은 이상 현상의 심화가 정상과학을 어떻게 위기로 몰아가며, 새로운 이론은 어떻게 나타나는지에 대해 설명했다. 앞에서 예로 든 발견들은 모두 패러다임 변화의 원인이 되었거나 패러다임 변화에 기여한 여러 원인들 중 하나였다. 새로운 발견이 널리 받아들여진 후에는 과학자들이 자연의 보다 넓은 영역에 대해 설명할 수 있거나 알려진 일부 현상을 보다 정확하게 기술할 수 있게 된다. 이러한 성취는 기존의 이론이나 방법을 새로운 것으로 대체함으로써 이룰 수 있다.

앞에서 다룬 발견들은 코페르니쿠스 혁명, 뉴턴 혁명, 화학혁명, 아인슈타인 혁명과 비교할 수 있는 대규모 패러다임 변화를 가져온 발견은 아니었다. 그렇다고 빛의 파동 이론, 열역학 이론, 맥스웰의 전자기 이론에 의해 야기된 것과 같은 소폭의 패러다임 변화를 불러온 것도 아니었다. 쿤은 여러 가지 예를 들어 이런 발견들이 새로운 발견을 목표로 하지 않는 정상과학으로부터 어떻게 나타날 수 있었는지를 집중적으로 조명했다.

이상 현상에 대한 인식이 새로운 현상의 발견에 중요한 역할을 한다면, 중요한 이론의 변화에는 더욱 심오한 이상 현상에 대한 인식이 선행되어야 한다. 과학 발전의 역사에는 이것을 증명할 수 있는 예가 얼마든지 있다. 빛을 입자의 흐름으로 본 뉴턴의 입자 이론은 회절이나 편광과 같은 이상 현상에 대한 관심이 고조된 후에야 파동 이론으로 대체되었다.

이상 현상에 대한 인식이 매우 오래 지속되어 깊숙이 침투하면 그 영향을 받은 분야에는 위기감이 고조된다. 그것은 대규모 패러다임 파괴와 연구 활동의 주제 및 기술상의 커다란 변화를 수반하는 까닭에 새로운 이론들의 출현은 전문 분야의 불안정이 현저해지는 선행 시기를 거치게 된다. 그러한 불안정은 정상과학의 퍼즐들이 제대로 풀리지 않는 데서 발생한다. 그리고 기존 규칙의 실패는 새로운 규칙의 탐색을 위한 전조가 된다.

프톨레마이오스의 천문학은 오랫동안 놀랍도록 잘 맞는 천문학이었지만 행성의 위치와 세차 운동에서는 오차가 존재했다. 이러한 오차를 줄이는 것이 정상 천문학의 연구 과제였다. 그러나 그런 시도들이 복잡성을 증가시키거나, 한 문제의 해결이 다른 문제를 불러온다는 것을 알게 되었다. 이로 인해 기존의 천문학 패러다임이 제구실을 하지 못한다는 인식이 널리 확산되었다. 이것은 코페르니쿠스가 새로운 패러다임을 찾는 연구를 시작하기 위한 선행 조건이 되었다. 달력 개혁의 필요성에 대한 교회의 압력, 즉 세차 운동이라는 퍼즐을 풀어야 했던 사회적 압력도 새로운 패러다임을 찾게 하는 요인이 되었다.

라부아지에에 의한 산소 이론의 탄생에도 선행했던 위기가 있었다. 1770년대에는 여러 가지 요인이 복합되어 화학에서 위기가 발생했다. 그중 두 가지는 매우 중요한 것이었다. 17세기의 개발 과정을 거쳐 18세기부터 널리 사용하게 된 공기 펌프를 통해 화학자들은 공기가 화학 반응에 참여한다는 것을 깨닫기 시작했다. 그러나 화학자들은 공기가 한 종류의 기체라는 믿음을 고수하려고 했다. 1756년에 조지프 블랙이 그가 고정공기라고 부른 보통 공기와는 다른 공기를 발견하고, 두 기체는 불순물에서만 차이가 난다고 설명했다.

블랙 이후 캐번디시, 프리스틀리, 셸레와 같은 화학자들이 공기 중에서 여러 가지 다른 기체들을 분리해 내면서 급반전을 이루었다. 그러나 이들은 모두 플로지스톤 이론을 받아들이고 있었고, 자신들의 발견을 플로지스톤 이론 안에서 설명하려고 했다. 이들 중 누구도 플로지스톤 이론이 다른 이론으로 대치되어야 한다고 주장하지는 않았지만, 플로지스톤 이론을 실험 결과에 일관적으로 적용할 수 없다는 것을 알게 되었다. 따라서 라부아지에가 공기에 대한 실험을 시작할 시기에는 수많은 플로지스톤설의 수정안이 제안되어 있었다. 그러나 기체화학에서의 문제만이 플로지스톤설이 봉착한 위기의 전부가 아니었다.

라부아지에는 금속을 가열할 때 무게가 증가한다는 사실에도 주목했다. 이런 사실 역시 오랜 역사적 전통을 가지고 있는 문제였다. 이슬람의 화학자들 중에도 금속을 가열하면 무게가 크게 늘어난다는 것을 아는 사람들이 있었다. 따라서 17세기 화학자 중 일부는 연소된 금속은 대기로부터 어떤 성분을 흡수한다고 주장했다. 그러나 대부분의 화학자들은 플로지스톤이

마이너스 무게를 가지고 있다고 수정하여 이러한 위기를 극복하려고 했다.

하지만 18세기를 거치면서 이러한 방법으로는 버티기 힘들게 되었다. 뉴턴의 중력 이론이 널리 수용되면서 무게의 증가는 양의 증가를 의미한다는 인식이 널리 퍼졌기 때문이다. 이로 인해 플로지스톤설이 즉각 포기되지는 않았지만, 이 문제를 비중 있게 다룬 논문의 수를 증가시켰고 정상과학의 위기를 고조시켰다.

상대성 이론을 발견하는 길을 열어 준 위기는 17세기 말부터 시작되었다. 이 시기에 라이프니츠를 대표로 하는 일부 물리학자들이 뉴턴역학의 절대 공간 개념을 비판했다. 그들은 절대 공간과 절대 위치가 뉴턴역학에서 아무런 역할을 하지 못한다고 지적하고, 공간과 운동에 대한 상대적인 개념이 심미적인 매력을 가지고 있다는 것을 보여 주는 데 성공했다. 그러나 이들의 비판은 순전히 논리적인 것이었다.

지구가 우주 중심에 정지해 있다는 아리스토텔레스의 주장을 비판했던 코페르니쿠스주의자들처럼 이들 역시 뉴턴역학의 절대 공간을 대체할 상대적인 공간으로의 전환이 새로운 관측 결과를 내놓을 것이라고는 상상도 하지 못했다. 그들은 뉴턴 이론을 자연 현상에 적용시켰을 때 야기되었던 어떤 문제에도 그들의 생각을 연결시키지 못했다.

따라서 공간의 상대성에 관련된 문제들은 1890년대까지 아무런 위기를 야기하지 못했다. 1815년 이후 빛의 파동 이론이 널리 수용되면서 빛의 전파를 설명하는 문제는 정상과학의 가장 중요한 연구 과제가 되었다. 전자기파가 에테르라는 매질을 통해 전파되는 파동이라고 믿었던 당시의 과학자들은 천체를 이용한 실험과 지상 실험을 통해 에테르를 확인하려고 했다. 많은 과학자들은 광행차를 측정하여 에테르의 존재를 확인하려고 했다. 그러나 실험을 통해 에테르의 존재를 확인할 수 없게 되자 이 문제는 이론물리학자들에게로 이전되었다. 이론물리학자들은 에테르 이론을 수정하여 이 문제를 해결하려고 했다.

19세기 중반에는 에테르의 흐름을 관찰하는 데 실패한 이유를 설명하기 위한 여러 가지 수정안이 제안되었다. 운동하는 물체가 주변의 에테르를 끌고 간다는 주장도 그런 것들 중 하나였다. 이런 수정안은 많은 문제를 설명해 주었다. 그러나

19세기 말과 20세기 초에 맥스웰 이론이 널리 수용되면서 상황이 바뀌었다. 맥스웰은 전자기파가 에테르라는 매질을 통해 전파되는 파동이라고 믿었다. 맥스웰은 자신의 이론이 뉴턴역학과 양립할 수 있다고 생각했다. 맥스웰 이후의 학자들은 맥스웰의 그런 믿음을 명료하게 증명하기 위해 노력했다.

그러나 맥스웰의 이론에 운동하는 물체에 이끌려 가는 에테르를 도입하기는 어렵다는 것이 밝혀지기 시작했다. 따라서 1890년 이후 몇 해 동안 실험이나 이론을 통해 에테르에 대한 상대 운동을 검출하고, 에테르의 끌림을 맥스웰 이론에 도입하기 위한 여러 가지 시도가 있었다. 이러는 동안 서로 경쟁하는 이론이 난립하게 되었다. 1905년에 아인슈타인이 제안한 상대성 이론은 이러한 역사적 흐름을 배경으로 한 것이었다.

달력 개혁에 대한 과학 외적인 요인이 새로운 이론 출현에 중요한 역할을 한 코페르니쿠스의 경우를 제외하면, 정상과학 활동에서의 실패는 새로운 이론이 등장하기 10년 내지는 20년 전에 있었다. 이것은 새로운 이론이 기존 이론의 위기에 직접적으로 반응을 보였다는 것을 나타낸다. 기존 이론의 붕괴를 가져온 실패가 오랜 세월에 걸쳐 인식되어 왔던 형태였다는 점

역시 주목할 필요가 있다. 이들 실패는 해당 과학 분야에서 위기를 느끼지 못하고 있던 기간에도 계속 관측되었던 것들이었다. 그러나 위기를 느끼지 못하고 있는 동안에는 이런 실패들이 무시되었다.

쿤이 7장에서 설명한 내용을 간단하게 요약하면 패러다임이 확립되어 있지 않던 정상과학 이전 시기에는 새로운 이론을 만들어 내는 일이 별로 어렵지 않았다. 패러다임이 확립되어 있는 정상과학 시기에는 과학자들이 새로운 이론의 창안을 위한 연구보다는 기존의 패러다임이 제공하는 도구들이 패러다임이 정의하는 문제들을 모두 해결할 수 있다는 믿음을 가지고 그런 도구들을 확실하게 적용하는 연구에 주력하게 된다. 그러나 패러다임의 명백한 실패로 인한 위기는 패러다임을 바꾸어야 할 시기가 도래했음을 알려 주는 지표가 된다.

8. 위기에 대한 반응

쿤이 이 책에서 비판하고 있는 과학 발전 이론 중 하나는 칼 포퍼의 반증 이론이다. 칼 포퍼의 반증 이론에 의하면 과학자들은 기존 이론에 반하는 증거가 발견되면 기존 이론을 폐기하고 새로운 이론을 만든다. 그러나 쿤은 기존 패러다임의 예측에 어긋나는 이상 현상의 출현으로 야기된 정상과학의 위기에 과학자들이 어떻게 반응하는지에 대한 분석을 바탕으로 포퍼의 반증 이론을 신랄하게 비판했다. 패러다임이 위기에 처하면 패러다임에 대한 과학자들의 믿음이 흔들리기 시작하고 다른 대안을 모색하기 시작할는지 모르지만, 그들을 위기로 몰고 간 패러다임을 쉽게 포기하려고도 하지 않는다는 것이다. 그것은 과학자들이 이상 현상들을 반증의 사례로 여기지 않기 때문이다.

일단 하나의 이론이 패러다임의 위치를 확보하게 되면, 그 이론은 그 지위를 차지할 만한 다른 후보 이론이 나타난 경우에만 쓸모없는 것이 된다. 이것은 매우 중요한 지적이다. 패러다임이 확립되어 있는 정상과학에서는 패러다임에 위배되는 이상 현상이 아무리 많이 나타나더라도 새로운 패러다임의 후보가 나타날 때까지는 기존의 패러다임을 폐기하지 않는다는 것이다. 이것은 반증 사례가 나타나면 기존의 이론을 폐기하고 새로운 이론을 찾아내려고 한다는 반증 이론과는 다른 주장이다.

쿤은 기존의 패러다임을 폐기하는 것은 기존 이론에 반하는 반증이 나타났기 때문이 아니라 새로운 패러다임 후보와의 경쟁에서 패배하기 때문이라고 설명했다. 아무리 많은 이상 현상이 발견되어도 새로운 패러다임의 후보가 나타날 때까지는 기존의 패러다임을 폐기하지 않는 것이 바로 이 때문이다. 하나의 패러다임을 거부하는 결단은 언제나 동시에 다른 것을 수용하는 결단이 되며, 그런 결단을 하기 위해서는 패러다임의 예측과 자연 현상의 비교뿐만 아니라 패러다임들 사이의 비교가 중요하다는 것이다.

이상 현상이나 반증 사례들은 위기를 조장하거나 이미 무르익은 위기를 심화시킬 뿐이다. 과학자들은 이상 현상에 부딪혔을 때 패러다임의 다양한 명료화를 궁리하고 모순을 제거하기 위해 이론을 수정하려고 한다. 과학자들은 이상 현상의 발견과 이들을 패러다임 안에 수용하려는 시도의 실패에도 불구하고 기존의 패러다임을 포기하지 않으려고 한다. 패러다임이 확립되고 나면 패러다임에 바탕을 두지 않은 연구 활동은 있을 수 없다. 따라서 새로운 패러다임으로 대체하지 않은 채 기존의 패러다임을 포기하는 것은 과학 자체를 포기하는 것이다.

반증 사례들을 포함하지 않은 과학 연구는 없다. 정상과학과 위기에 처한 과학은 어떻게 구별할 수 있을까? 정상과학이 유지될 수 있는 것은 정상과학의 바탕을 이루고 있는 패러다임에 대한 반증이 나타나지 않기 때문이 아니다. 앞에서 정상과학의 퍼즐이라고 불렀던 것들이 존재하는 이유는 패러다임이 모든 문제를 해결하지 못하기 때문이다. 정상과학에서 퍼즐이라고 보는 것들은 다른 관점에서 보면 반증이라고 볼 수 있으며, 위기의 근원으로 볼 수 있다.

코페르니쿠스는 프톨레마이오스 신봉자들이 퍼즐로 본 것을 반증으로 보았고, 라부아지에는 플로지스톤 이론에서 퍼즐로 본 것을 반증으로 여겼다. 위기의 존재조차도 퍼즐을 반증으로 변형시키지 못한다. 그러나 패러다임의 다양한 수정안이 제출됨으로써 새로운 패러다임이 출현할 수 있도록 퍼즐 풀이의 규칙을 완화시킨다.

그럼에도 불구하고 과학에서는 진실과 거짓이 확실하게 밝혀지는 것처럼 보이는 이유는 무엇일까? 정상과학은 이론과 사실이 보다 가깝게 일치되도록 끊임없이 노력하고 있고, 그런 노력은 확증, 또는 반증을 조사함으로써 성공을 거둘 수 있다.

그러나 그러한 연구 활동의 목적은 패러다임의 타당성을 인정할 수 있는 퍼즐들을 풀어내는 것이다. 해답을 찾아내지 못하는 까닭은 패러다임이 잘못되었기 때문이 아니라 연구자의 능력이 모자란 탓으로 돌아간다. 과학을 배우는 학생들은 증거 때문이 아니라 교과서나 교사의 권위 때문에 이론을 수용한다.

쿤은 과학자들이 자연 현상에서 패러다임의 예측과는 다른 이상 현상을 감지했을 때 어떻게 반응하는지에 대해서도 자세하게 분석해 놓았다. 그는 자연 현상과 이론 사이에서 커다란 차이를 발견하는 경우에도 일반적으로 과학자들은 심각한 반응을 보이지 않는다고 보았다. 경우에 따라 다르기는 하지만, 이상 현상을 발견한 경우에도 정상 연구에 순응하려고 한다는 것이다. 많은 경우 이상 현상들은 풀이 과정이 밝혀질 때까지 방치되기도 한다.

뉴턴의 원래 계산 이후 60년 동안 달이 지구에 가장 가까워지는 근지점에 대한 예측이 관측 결과와 맞지 않는다는 이상 현상이 방치되었다. 그리고 그 문제는 뉴턴역학이 아니라 수학의 문제였다는 것이 밝혀졌다. 이 경우에는 이상 현상으로 인해 뉴턴역학을 폐기하지 않고 풀이가 등장할 때까지 방치한 것이 옳았다.

하나 이상의 이상 현상이 정상과학의 위기를 유발하기 위해서는 그것이 단순한 변칙 이상의 것이라야 한다. 패러다임과 자연의 일치 사이에는 항상 함정이 숨어 있다. 이들 중 대부분은 미리 예상하지 못했던 과정들에 의해 발생하는 것이어서 곧바로 잡힌다. 모든 이상 현상에 주목하는 과학자는 제대로 된 과학 연구를 할 수 없다.

그렇다면 집중적으로 탐구할 만한 가치가 있는 이상 현상은 어떤 것일까? 이 물음에는 일반적으로 받아들여질 수 있는 답이 없다. 이상 현상이 명시적으로 패러다임을 문제 삼는 경우도 있고, 명백한 중요성이 없어 보이는 이상 현상이라도 이상 현상과 관련된 응용이 실용적으로 중요한 경우도 있으며, 정상과학의 발전이 중요해 보이지 않던 이상 현상을 위기의 근원으로 변형시키는 경우도 있다. 이상 현상을 특별하게 긴급한 것으로 만드는 상황은 이 밖에도 여러 가지가 있을 수 있다.

이런 여러 가지 이유로 인해 하나 이상의 현상이 정상과학의 또 다른 퍼즐 이상의 것으로 보이게 되는 때에 정상과학이 위기에 처하게 되고, 따라서 비상과학으로의 이행이 시작된다.

이상 현상은 이제 전문 분야에 의해서 점점 일반적으로 수용되기에 이른다. 점점 더 많은 과학자들이 그 문제에 관심을 갖게 되고, 그래도 풀리지 않는 경우, 대부분의 과학자들이 이 문제를 제1의 연구 주제로 삼게 된다.

이상 현상에 대한 초기의 공격은 패러다임의 규칙을 엄밀하게 따를 것이다. 그러나 문제가 여전히 잘 풀리지 않게 되면 풀이 과정은 사소하거나 사소하지 않은 패러다임의 수정을 포함하게 될 것이다. 심각한 이상 현상의 경우에는, 이런 수정이 일부 성공을 거둔 경우에도, 전문가 그룹 전체가 수용할 수 있을 만큼 만족스러운 답이 찾아지지 않는다. 이렇게 여러 갈래의 수정을 거치면서 정상과학의 규칙들이 점차 모호해진다. 아직 패러다임이 존재하기는 하지만 패러다임에 합의하는 사람들의 수가 줄어든다. 그렇게 되면 이미 풀었던 문제의 표준적인 풀이도 의문의 대상이 된다.

정상과학이 처한 위기는 연구 활동에 어떤 영향을 줄까? 모든 위기는 패러다임이 모호해짐과 더불어서, 그리고 그에 따라 정상과학의 규칙들이 해이해짐에 따라서 시작된다. 이런 맥락에서 위기 기간의 연구는 패러다임이 존재하지 않던 시기의 연구와 유사해진다. 다만 위기 기간의 연구에서는 패러다임이 존재하지 않던 시기보다 견해 차이의 폭이 적으며, 견해 차이가 보다 명확하게 정의된다.

쿤은 모든 위기가 세 가지 방식 중 하나로 종결된다고 설명했다. ① 정상과학이 위기를 야기한 문제들을 다룰 수 있다는 것이 밝혀지는 경우, ② 현 상태로서는 해결책이 보이지 않아 미래 세대의 숙제로 남는 경우, ③ 새로운 패러다임 후보가 등장해 기존의 패러다임과 경쟁을 벌이는 경우가 그것이다.

위기에 처한 패러다임으로부터 새로운 패러다임으로의 이행은 옛 패러다임의 명료화나 확장에 의해서 성취되는 과정, 즉 축적적 과정과는 거리가 멀다. 패러다임의 전환은 새로운 기반을 바탕으로 그 분야를 다시 세우는 것으로, 연구 활동의 방법과 응용은 물론 가장 기본적인 이론의 일반화조차 변화시키는 재건 사업이다. 패러다임의 이행 시기에는 옛 패러다임에 의해 해결되는 문제와 새로운 패러다임에 의해 해결되는 문제들이 많이 중복되겠지만, 완전히 중복되지는 않을 것이다. 풀이의 양식에서도 결정적인 차이가 발생할 것이다. 패러다임의 이행이 완료되었을 때 전문 분야의 연구자들이 자신들의 영역에 대한 견해, 방법, 목적을 바꾸게 될 것이다.

과학적 진보의 이런 측면에 주목했던 과학사학자들은 패러다임의 전환으로 인한 변화를 시각적 게슈탈트 전환과 비슷한 것으로 보았다. 심리학적 분석에 의하면 우리는 사물을 인식할 때 눈에 보이는 요소들을 따로 인식하는 것이 아니라 하나의 통합된 형태로 인식한다. 이때 어떤 요소들을 전경으로 인식하고 어떤 요소들을 배경으로 인식하느냐에 따라 인식 내용이 크게 달라진다.

게슈탈트 전환이란 어떤 것을 전경으로 보고 어떤 것을 배경으로 보느냐 하는 관점을 바꾸어, 같은 것을 보면서도 전혀 다른 대상으로 인식하는 것을 말한다. 처음에는 한 마리의 새로 보이던 종이 위의 새가 게슈탈트 전환 후에는 영양으로 보인다든가 또는 그 반대가 될 수 있다. 이런 일들은 우리의 경험을 통해서도 이미 잘 알고 있는 것이다. 패러다임의 전환으로 과학자들이 사물을 전혀 다른 물체로 보게 되지는 않겠지만, 게슈탈트 전환과 패러다임 전환 사이에는 유사성이 있다.

이상 현상의 출현으로 인한 정상과학의 위기는 새로운 이론의 출현을 위한 전주곡이기는 하지만, 새로운 이론의 출현은 새로운 전통을 도입하는 일이기 때문에 전통에 심각한 문제가 발생했을 때만 일어날 수 있다. 그러나 위기가 많이 진전되기 전이나 위기를 확실하게 인식하기 전에 완성되지 않은 상태로 새로운 패러다임이 모습을 드러내는 경우도 있다. 그러나 많은 사람들은 새로 모습을 드러내는 패러다임에 관심을 기울이지 않는 경우가 대부분이다.

그런가 하면 기존 패러다임의 붕괴와 새로운 패러다임의 등장 사이에 상당한 시간 간격이 있는 경우도 있다. 이런 경우 비상과학은 어떻게 전개될까? 이론에서 심각한 이상 현상에 부딪히게 되면 과학자들은 그것을 분리시켜 거기에 구조를 부여하려고 시도한다. 기존의 패러다임이 꼭 옳지만은 않다는 것을 알면서도 어디까지 그것을 적용할 수 있는지를 보기 위해 정상과학의 규칙들을 강력하게 구사한다. 이와 동시에 기존 패러다임의 붕괴를 확대하는 길도 모색한다. 위기에 처한 과학자들은 끊임없이 새로운 추론을 만들어 내려고 노력하고, 성공하는 경우 새로운 패러다임에 이르는 길을 열게 된다.

이런 종류의 비상적인 연구는 통상 또 다른 연구를 수반하게 된다. 심각한 위기를 인식한 과학자들은 퍼즐을 푸는 방법의 하나로 철학적 분석을 수행한다. 정상과학은 철학을 배척하는 경향이 있으며 그럴 만한 이유도 충분하다. 뉴턴역학의 출현이나 상대성 이론과 양자 이론의 탄생에 연구 전통에 대한 철학적 분석이 뒤따랐던 것이나 사고 실험이 중요한 역할을 했던 것은 우연한 일이 아니었다. 갈릴레이, 아인슈타인, 보어 등의 저술에서 대부분을 차지하는 분석적 사고 실험 방법은 위기의 뿌리를 선명하게 노출시키도록 치밀하게 계산된 것이었다.

비상 연구가 진행되는 동안에는 과학자들의 관심이 문제가 발견된 좁은 영역에 집중됨으로써 새로운 발견들을 양산하게 된다. 빛의 파동 이론이 출현하기 이전에 새로운 광학적 발견들이 짧은 기간 동안에 이루어졌던 것이나 1895년 엑스선이 발견된 후에 이루어진 일련의 발견들은 이런 사실을 잘 나타낸다. 때로는 새로운 패러다임의 초기 형태가 비상적 연구가 이상 현상에 부여한 구조에서 모습을 드러내는 경우도 있다. 아인슈타인은 흑체복사, 광전 효과, 비열과 같은 이상 현상들 사이의 상호관계를 통해 새로운 패러다임에 접근할 수 있었다고 했다.

쿤은 새로운 패러다임의 확립에 기여하는 사람들은 나이가 젊거나 그들이 속한 전문 분야에 새롭게 참여한 사람들이라고 했다. 이런 사람들은 이전 활동들로 인해 기존의 패러다임에 구속되는 일이 거의 없고, 이상 현상이 나타나는 것을 보고 기존의 규칙을 대치할 새로운 규칙을 쉽게 착상할 수 있는 사람들이기 때문이라는 것이다. 이런 설명은 자칫 과학자 사회를 나이를 기준으로 구분하는 결과를 가져올 수도 있다. 그러나 나이보다는 기존의 과학 전통에 얼마나 깊이 관여하고 있느냐에 의해 새로운 패러다임을 대하는 태도가 달라진다고 하는 것이 더 적절할 것이다.

9. 과학혁명의 성격과 필연성

정상과학의 성립, 이상 현상의 출현으로 인한 정상과학의 위기, 그리고 그다음에 오는 것이 기존 패러다임의 붕괴와 새로운 패러다임의 도입에 의한 과학혁명이다. 9장에서 쿤은 지금까지 논의에서 이미 그 성격이 어느 정도 드러난 과학혁명의 성격을 분명하게 규명하고, 과학혁명이 어떻게 이루어지는지에 대해 설명했다.

과학혁명은 옛 패러다임이 양립되지 않는 새 패러다임으로 전반적 또는 부분적으로 대치되는 비축적적인 발전 과정이다. 기존의 패러다임이 새로운 패러다임으로 전환되는 사건을 왜 혁명이라고 불러야 할까? 쿤은 정치혁명과 과학혁명의 비교를 통해 이 물음의 답을 찾으려고 했다. 정치혁명이 기존 제도가 주위 상황에 의해서 제기되는 문제들을 더 이상 적절하게 해결할 수 없다는 의식이 정치적 사회 집단에 팽배하면서 시작되는 것과 마찬가지로, 과학혁명도 기존의 패러다임이 자연 현상에 대한 다각적 탐사에서 더 이상 적절하게 제 역할을 하지 못한다는 의식이 과학자 사회에 점차로 증대될 때 시작된다는 것이다.

일반적으로 정치혁명은 기존 정치 제도가 금지하는 방식으로 사회 제도를 개혁하려고 한다. 따라서 정치혁명의 성공은 다른 제도를 위하여 기존 제도의 일부를 파기할 것을 요구하며, 그러는 동안 사회는 기존 제도에 의해 완전히 통제되지 못한다. 이런 시점에 이르면 옛 제도를 옹호하는 집단과 새로운 제도를 추구하는 집단으로 나뉘어 경쟁하게 된다. 이들 진영은 서로 인정하는 조정 제도를 가지고 있지 않기 때문에 흔히 무력을 포함한 초법적인 대중 설득 방법을 사용하기에 이른다. 따라서 혁명은 정치와 제도 밖에서 일어나는 사건이다.

정치혁명이나 과학혁명은 모두 사회를 위기로 몰고 갈 수 있는 기능적 결함을 깨닫는 것이 혁명의 선행 조건이라는 공통점을 가지고 있다. 그러나 과학혁명과 정치혁명의 다른 점도 있다. 정치혁명은 사회 구성원 모두에게 영향을 미치지만, 과학혁명은 패러다임의 변화가 영향을 주는 특정한 전문가 그룹에 속하는 사람들에게만 영향을 주기 때문에, 그들에게만 혁명으로 보인다는 것이다. 따라서 전문가 그룹 밖에 있는 사람들은 과학혁명의 존재 자체를 모르는 경우가 대부분이다.

과학혁명은 과학자 사회가 기존의 패러다임을 대체할 새로운 패러다임을 선택하는 과정이다. 과학자 사회는 양립되지 않는 두 가지 패러다임 중 하나를 선택해야 한다. 이러한 선택에서는 패러다임 자체가 논의의 주제가 되고 있기 때문에 특정한 패러다임을 바탕으로 한 설득은 순환논리에 빠지게 된다. 서로 다른 주장을 하는 그룹들이 자신들의 패러다임을 옹호하는데 상대방이 인정하지 않는 패러다임을 이용하려고 하기 때문이다.

새로운 이론이 꼭 이전 이론과 양립할 수 없는 이론인 것은 아니다. 새로운 이론이 예전에는 알려져 있지 않았던 현상을 다룰 수도 있고, 이전 이론보다 수준이 높은 이론일 수도 있다. 이런 경우에는 보다 낮은 차원의 이론들을 크게 변형하지 않고 포함할 수도 있다. 새로운 이론들이 모두 이와 같다면 과학의 발전은 원칙적으로 축적적일 것이다. 과학 발전에서 새로운 지식은 다른 모순되는 지식을 대치하기보다는 무지를 대치하게 된다. 그러나 실제 과학의 역사를 살펴보면 새로운 이론을 축적적으로 쌓는 일은 거의 존재하지 않았다.

새로운 이론은 자연에 대한 기존 패러다임의 예측과 도구가 옳지 않은 것으로 밝혀진 경우에만 출현할 수 있다. 새로운 발견의 중요성은 이상 현상이 얼마나 기존 패러다임으로부터 멀리 벗어나 있는지, 그리고 기존 패러다임의 저항이 얼마나 완강한지에 따라 달라진다. 새로운 이론이 발견된 후에는 기존의 패러다임과 새로운 패러다임 사이에 갈등이 생긴다. 새로운 패러다임은 기존 패러다임과의 갈등과 경쟁을 통해 패러다임으로서의 위치를 확보한다. 그러나 새로운 패러다임의 선택은 우리가 일반적으로 생각하는 것과는 다른 방법으로 이루어진다.

쿤은 정상과학의 연구 활동에서 나타나는 현상을 세 종류로 분류했다. 첫 번째 현상은 기존 패러다임에 의해 잘 설명될 수 있는 현상으로, 이런 현상은 새로운 이론의 출발점이 될 수 없다. 두 번째 현상은 기존 패러다임에 의해 그 본질은 제시되지만 상세한 내용은 이론의 보다 진전된 명료화를 통해서만 이해될 수 있는 현상이다. 과학자들이 많은 시간을 들여 연구하는 현상이 여기에 해당한다. 이런 현상에 대한 연구의 목표는 패러다임을 명료하게 하고, 적용 범위를 확장하는 것이다. 이런 연구가 실패했을 때 나타나는 것이 패러다임에 동화되기를 강경하게 거부하는 세 번째 부류에 해당되는 이상 현상들이다. 세 번째 형태의 현상들만이 새로운 이론 탄생의 원인을 제공한다.

이상 현상을 해결하기 위해 제안된 새로운 이론은 기존의 이론이 예측했던 것과는 다른 예측을 내놓아야 한다. 만약 두 이론이 논리적으로 양립할 수 있는 것이라면 두 이론 중 하나를 선택할 필요가 없게 된다. 그러나 두 이론이 양립할 수 없는 것이라면 새로운 이론이 자리를 잡기 위해서는 기존의 이론을 파괴하고 그 자리를 대체해야 한다. 뉴턴이 제안한 새로운 역학은 고대 역학을 대체했고, 아인슈타인의 이론은 뉴턴역학의 오류를 지적하고 그 자리를 차지했다. 그러나 과학의 발달 과정이 새로운 패러다임이 기존의 패러다임을 대체하는 과정이라는 생각에 반대하는 사람들도 있다.

과학의 발달을 지식 축적적 과정이라고 보는 사람들은 뉴턴역학이 상대성 이론에 의해 부정되지 않았다고 주장한다. 특정한 조건에서 뉴턴역학은 아직도 성립한다는 것이다. 뉴턴역학은 상대성 이론에 의해 증명될 수 있으므로, 뉴턴역학은 상대성 이론의 일부라고 해야 한다는 것이다. 그들은 아인슈타인 이론이 뉴턴역학을 틀린 것으로 보이게 만드는 것처럼 보인다면, 그것은 일부 과학자들이 뉴턴역학이 완벽하게 정확한 결과를 내놓는다거나 상대속도가 빠른 경우에도 뉴턴역학이 잘 맞는다고 경솔하게 주장한 때문이라고 본다.

뉴턴역학은 타당한 증거에 의해 뒷받침되는 범위 안에서는 훌륭한 과학 이론이었다. 뉴턴역학을 그것이 확실하게 성립하는 범위 안에서의 과학으로 본다면 뉴턴역학은 도전을 받은 적도 없고, 도전을 받을 수도 없다. 이렇게 되면 어떤 이론도 공격으로부터 벗어날 수 있다. 플로지스톤 이론도 일정한 한계 안에서 연소와 관련된 현상을 성공적으로 설명했다. 이런 방법으로 이론을 구제하려면 이론의 적용 범위를 관측의 정확성에까지 확장해야 한다. 그러나 과학자가 기존의 이론이 제공하지 않는 분야로 들어가거나, 더 큰 정확도를 추구하는 경우에는 기존 이론에 의존하는 것이 가능하지 않게 된다.

쿤은 뉴턴역학이 상대성 이론의 특수한 경우라는 주장이 옳다면 상대성 이론으로부터 뉴턴역학을 유도할 수 있어야 하지만, 뉴턴역학과 상대성 이론에서의 공간, 질량, 시간의 개념이 다르기 때문에 뉴턴역학의 법칙들이 상대성 이론의 특수한 경우라고 할 수 없다고 주장했다. 상대성 이론으로부터 뉴턴역학에 도달하기 위해서는 법칙들의 형태뿐만 아니라 그 법칙들이 적용되는 우주를 구성하고 있는 기본적인 구성 요소를 바꿔야 한다. 이미 확립된 개념을 수정해야 한다는 것은 상대성 이론의 혁명적 성격을 나타낸다.

기존의 패러다임과 새로운 패러다임이 양립 불가능하다면 그 차이는 어떤 것일까? 두 패러다임은 우주의 구성 요소에 대하여, 그리고 구성 요소들의 상호작용에 대하여 서로 다른 내용을 알려 준다. 즉 원자보다 작은 세계의 존재, 빛의 물질성,

그리고 열이나 에너지의 보존과 같은 문제에 대하여 서로 다른 이야기를 한다. 패러다임은 자연에만 관련된 것이 아니라 과학을 지탱하는 기초이기 때문에 연구 대상물 이상의 어떤 것이다.

9장에서 쿤은 패러다임을 방법들의 원천이며, 문제 영역이고, 과학자 사회에 의해 수용된 문제 풀이의 표본이라고 다시 정의했다. 이런 정의에 의하면 기존의 패러다임과 새로운 패러다임은 양립할 수 없을 뿐만 아니라incompatible 동일 기준으로 비교할 수도 없다incommensurable. 따라서 새로운 패러다임의 수용은 과학을 새롭게 정의하는 작업이라는 것이다.

패러다임의 전환은 과학에 합당한 문제와 표준의 심층적인 변화로 나타난다. 뉴턴역학과 맥스웰의 전자기 이론이 등장하는 과정에서 이러한 변화를 찾아볼 수 있다. 뉴턴역학은 중력을 질량 사이에 작용하는 본유적인 인력이라고 설명했다. 이런 설명을 입자설의 규범 내에 포함시키는 것은 뉴턴역학을 새로운 패러다임으로 받아들이는 사람들에게 가장 심각한 도전 과제가 되었다. 중력을 입자적으로 설명하지 못하는 뉴턴역학을 배격하려는 시도도 있었지만, 이런 시도 중 어느 것도 성공하지 못했다.

뉴턴역학 없이 과학의 연구 활동을 수행하는 것이 불가능하게 되자 과학자들은 점차로 중력은 본유적인 것이라는 견해를 받아들였다. 이로 인해 물질에 본래 내재하는 인력과 반발력이 물질의 일차적인 성질로서 크기, 모양, 위치, 그리고 운동과 함께 자연의 구성 요소의 하나로 자리 잡게 되었다. 이러한 패러다임의 변화는 전기력과 같은 다른 분야의 연구에 새로운 기반을 제공했다.

맥스웰은 빛이 에테르라는 매질을 통해 전파되는 파동이라고 확신했다. 빛의 파동성을 뒷받침하는 역학적 매질을 고안해내는 것은 당시 가장 우수한 과학자들의 연구 과제였다. 그러나 맥스웰의 전자기 이론에는 매질에 대한 고려가 전혀 포함되어 있지 않았다. 따라서 초기에 맥스웰의 전자기 이론은 널리 배격되었다.

그러나 맥스웰 이론은 전자기 현상을 설명하는 데 매우 유용하다는 것이 밝혀짐으로써 전자기학에서 패러다임의 지위를 확보하게 되었다. 이에 따라 20세기 초에 역학적 전자기파를 전달하는 매질인 에테르를 찾아내려는 노력을 포기하게 되었다. 그 결과로 새로운 문제와 기준이 출현했으며, 이는 결국 상대성 이론의 탄생으로 이어졌다.

패러다임은 과학자들에게 지도뿐만 아니라 지도를 만드는 데에 필수적인 방향도 제시한다. 패러다임을 익히면서 과학자들은 이론적 방법과 기준을 모두 획득하게 되는데, 이것들은 서로 밀접하게 연관되어 있다. 따라서 패러다임이 변하게 되면 문제와 제안된 풀이 모두의 타당성을 결정짓는 기준에도 커다란 변화가 일어난다.

쿤은 패러다임과 관련된 논쟁에서 어떤 문제들을 해결하는 것이 더 큰 의미를 가지는지에 대한 논쟁이 벌어질 수밖에 없다고 했다. 그 이유는 어떤 패러다임도 그것이 제기하는 문제들을 모두 풀어낼 수 없고, 두 패러다임이 풀어내지 못하는 문제들이 같지 않기 때문이다. 두 패러다임에서 다루는 문제나 기준과 마찬가지로 가치관과 관련된 이런 논란은 정상과학에 내재되어 있는 기준으로는 답해질 수 없다. 바로 이 점이 패러다임 전환이 혁명적 성격을 띠는 가장 확실한 이유 중 하나라는 것이다.

10. 세계관의 변화로서의 혁명

10장에서 쿤은 패러다임 전환으로 인한 과학혁명이 과학자 사회에 어떤 변화를 가져오는지에 대해 설명했다. 그는 여러 가지 예를 통해 과학혁명이 단순히 연구 활동의 주제와 연구 방법을 바꾸는 것에 그치는 것이 아니라, 과학자들이 보는 세계관까지 바꿔 놓는다는 것을 보여 주려고 했다. 과학혁명을 통해 과학자들은 이전에 연구했던 곳에서 익숙한 기기를 사용하면서도 새로운 것들을 보게 된다는 것이다. 쿤은 이것을 전문가 사회가 익숙했던 대상들도 다르게 보이고, 이전에는 경험할 수 없었던 일들도 일어나는 다른 행성으로 옮겨 가는 것과 같은 변화라고 했다.

연구실 바깥에서의 일상생활은 전과 마찬가지로 지속되고 있지만 과학자들은 자신의 연구 활동의 세계를 다르게 보게 된다. 따라서 혁명 이전에는 오리였던 것이 혁명 이후에는 토끼로 보이게 되고, 처음에는 위쪽에서 상자의 외부를 내려다보았던 사람들이 혁명 후에는 아래쪽으로부터 내부를 들여다보게 된다는 것이다.

학생들은 훈련받은 정상과학의 전통에 의해 과학자가 되고 나서야 비로소 과학자가 보는 것을 보고, 과학자가 반응하듯이 반응한다. 그러나 정상과학의 전통이 변하는 혁명의 시기에는 과학자의 환경에 대한 자각 작용이 재교육되어야 한다. 과학자는 익숙한 환경에서 새로운 게슈탈트를 형성하는 방법을 배워야 한다. 그렇게 한 후의 그의 연구 세계는 이전의 세계와 같은 표준으로 비교할 수 없는 것으로 보일 것이다.

거꾸로 보이는 안경을 낀 사람이 있다. 이 사람이 보는 세상은 일반적인 세상과 다르다. 그러나 이런 안경에 익숙해진 사람은 거꾸로 보이는 세상을 안경을 끼기 전에 보았던 세상처럼 인식하게 된다. 이것은 패러다임이 지각 작용 자체의 우선 조건이라는 생각을 하게 한다. 사람이 무엇을 보는가는 그가 보고 있는 대상에도 달려 있지만 이전의 경험과 개념이 무엇을 보도록 하는지에도 달려 있다. 그러한 훈련이 없는 상태에서는 "꽃이 피고 벌이 윙윙거리는 혼동"만이 존재할 뿐이다. 우리는 천체 관측에서 이런 예를 찾아볼 수 있다.

1690년부터 1781년 사이에 적어도 17회에 걸쳐 유럽 최고의 천문학자들이 천왕성의 궤도에서 별 하나를 보았다. 그 사람들 중 한 사람은 1769년에 4일 연속 그 별을 보았지만 이 별이 행성이라는 것을 알아내지 못했다. 12년이 지난 뒤 자신이 개량한 망원경으로 이 별을 관측한 윌리엄 허셜은 별과는 달리 뚜렷한 원반 모양을 관찰할 수 있었다. 이 별의 운행을 자세하게 조사한 허셜은 새로운 행성을 발견했다고 발표했다. 이로 인해 1781년 이후 이 별이 달리 보이게 되었다. 이 별은 종래의 패러다임에 의해서 제공되는 지각 작용의 범주에 더 이상 들어맞지 않았기 때문이다.

천문학자들로 하여금 천왕성을 볼 수 있도록 한 시각의 변환은 관측된 물체의 지각에뿐만 아니라 보다 광범위한 부분에까지 영향을 미쳤다. 허셜에 의해 야기된 소규모 패러다임의 변화는 1801년 이후 천문학자들로 하여금 많은 소행성을 발견하게 했다. 행성을 더 찾아낼 준비가 되었던 천문학자들은 19세기 전반 50년 동안에 20개가 넘는 행성을 발견할 수 있었다.

이와 비슷한 예는 천문학에서 얼마든지 발견할 수 있다. 코페르니쿠스의 새로운 패러다임이 처음 제안된 후 50년 동안에 예전에는 불변이라고 여겼던 하늘 세계에서의 많은 변화를 찾아냈다. 밝기가 변하는 신성이나 태양 흑점의 변화와 같은 것들은 하늘 세계는 불변이어야 한다는 패러다임을 가지고 있지 않던 동양에서는 이미 오래전부터 잘 알려져 있던 사실이었다.

이런 유형의 전환은 천문학에 국한된 것이 아니다. 라부아지에는 프리스틀리가 플로지스톤이 빠진 공기를 보았던 곳에서 산소를 보았다. 라부아지에가 산소를 보기 위해서는 다른 물질들에 대한 견해를 변화시켜야 했다. 산소를 발견한 라부아지에는 자연을 달리 보게 되었고, 이전과는 전혀 다른 세계에서 연구하게 되었다.

갈릴레이의 연구에서도 이와 비슷한 전환을 발견할 수 있다. 사람들은 옛날부터 오랫동안 줄에 매달린 물체가 멈출 때까지 좌우로 흔들리는 것을 보아 왔다. 아리스토텔레스주의자들은 무거운 물체는 그 자체의 본성에 의해 아래로 떨어진다고 믿고 있었으므로 흔들리는 물체는 단지 어려움을 겪으며 떨어지는 물체에 불과했다.

그러나 갈릴레이는 흔들리는 물체를 보면서 거의 무한하게 같은 움직임을 되풀이하는 진자를 생각했다. 갈릴레이는 진자의 움직임으로부터 경사면을 따라 내려오는 운동에서의 수직 높이와 최종 속력 사이의 상관관계, 낙하속력이 무게와 무관하다는 것과 같은 새로운 역학의 기초를 구축할 수 있었다.

어떻게 그런 전환이 가능했을까? 갈릴레이의 천재성이 중요한 역할을 한 것은 틀림없다. 그러나 그의 천재성은 흔들리는 물체를 보다 정확하고 객관적으로 관찰하는 데서 발휘된 것이 아니라는 점을 주목할 필요가 있다. 아리스토텔레스의 지각 작용도 갈릴레이 못지않게 정확했다. 갈릴레이는 물체가 지속적으로 운동하는 것은 운동을 시작하게 한 원인에 의해 물체에 불어넣어진 힘 때문이라고 설명한 '임페투스 이론'의 관점에서 운동을 분석하도록 훈련받았다.

이전의 과학자들이 흔들리는 돌을 보았던 곳에서 갈릴레이가 진자를 볼 수 있었던 것은 임페투스 패러다임으로의 전환에 의해 가능했다. 진자는 패러다임에 의해서 유발된 게슈탈트 전환과 비슷한 것에 의해 실체를 갖추게 되었다. 갈릴레이를 아리스토텔레스와, 그리고 라부아지에를 프리스틀리와 구별하도록 하는 것을 시각의 변화라고 표현하는 것이 적절할까? 같은 물체를 바라보면서 정말로 다른 것을 보았던 것일까? 그들이 다른 세계에서 연구를 수행했다고 할 수 있을까?

패러다임의 변화와 더불어 변화하는 것은 같은 관찰 결과에 대한 과학자의 해석일 뿐이라고 주장할 수도 있을 것이다. 이러한 견해에 따르면 프리스틀리와 라부아지에는 모두 산소를 보았지만 그것을 다르게 해석한 것이 된다. 마찬가지로 갈릴레이와 아리스토텔레스는 모두 진자를 보았지만 해석에서 차이가 났을 뿐이다.

패러다임의 전환에 의해 세상이 변하지는 않지만, 패러다임이 변하면 과학자들은 이전과는 다른 세계에서 연구하게 된다. 쿤은 과학혁명 동안에 일어나는 일들은 자료의 재해석 이상의 무엇이라고 주장했다. 진자는 더 이상 떨어지는 돌이 아니며, 산소는 플로지스톤이 빠진 공기가 아니라는 것이다. 과학자들이 대상으로부터 수집한 자료는 전혀 다른 것이다. 새로운 패러다임을 선택한 과학자는 자료의 새로운 해석자가 아니라 세상을 다르게 보이도록 하는 안경을 낀 사람과 비슷하다. 이전과 똑같은 대상을 보고 있으면서도 대상들의 세부적인 내용이 변형되었다는 것을 깨닫게 된다.

이것은 과학자들이 관찰 결과와 자료를 해석하지 않는다는 뜻이 아니다. 과학자들은 끊임없이 관찰 결과를 해석한다. 그러나 과학자들의 해석은 특정한 패러다임을 전제로 한 것이다.

이런 해석들은 이미 존재하는 패러다임을 정련하고, 확대하고, 명료화하는 것을 목표로 하는 정상과학의 연구 활동이다. 이런 해석 작업들은 패러다임을 정련할 뿐, 수정할 수 있는 것은 아니다.

아리스토텔레스의 속도 개념은 스콜라 철학자들에 의해 두 갈래로 분화되어 갈릴레이 이후 평균속도와 순간속도의 개념으로 자리 잡았다. 이런 개념이 포함된 패러다임을 통해서 고찰하자 떨어지는 돌도 진자와 마찬가지로 그것을 지배하는 법칙을 드러내 보였다. 돌들이 모두 똑같은 가속도로 떨어진다는 사실은 갈릴레이를 길러 낸 패러다임을 바탕으로 한 세계에서 갈릴레이라는 천재가 알아낸 새로운 규칙성 중 하나였다.

감각경험이 확실하고 객관적인 것일까? 이론이란 주어진 자료에 대한 사람들의 해석에 불과한 것일까? 지난 3세기 동안 서양 철학을 주도한 인식론적 관점에서 보면 그 대답은 '그렇다'이다. 그러나 그런 관점은 더 이상 효과적으로 기능하지 못한다. 과학자가 실험실에서 행하는 조작과 측정은 '주어지는 것'이 아니라 '공들여서 수집한 것'이다.

그것들은 과학자가 보는 무엇이 아니라 보다 기본적인 지각 작용의 의미에 대한 구체적인 지표들이며, 수용된 패러다임을 정련하는 데 유용하다는 이유로 탐사 대상으로 선정된 것들이다. 따라서 다른 패러다임을 받아들이는 사람들은 서로 다른 실험 조작을 하고 다른 종류의 자료를 수집한다.

어린아이는 '엄마'라는 단어를 처음에는 모든 사람으로부터 여성에게로, 그다음에는 자기 어머니에게로 옮기는 동안에 세상의 한 여자를 제외한 다른 모두가 자기에게 어떻게 다르게 행동하는지를 배운다. 아기의 반응과 기대와 믿음이 그에 따라 변한다.

마찬가지로 태양을 전통적인 명칭인 '행성'이라고 부르는 것을 거부했던 코페르니쿠스주의자들은 행성과 태양이 무엇인지만을 배우고 있었던 것이 아니라 모든 천체가 종전과는 달라 보이게 되는 세계 속에서 유용한 구별이 지속될 수 있도록 행성의 의미를 변화시키고 있었던 것이다.

플로지스톤이 빠진 산소를, 레이던병 대신 콘덴서를, 속박된 낙하운동 대신 진자를 보았던 것은 화학적, 전기역학적 현상들에 대한 과학자의 전체적 시각 변환에서 단지 일부에 지나지 않았다. 패러다임은 일시에 넓은 경험의 영역에서 결정적 역할을 한다.

과학혁명 이후에는 많은 과거의 측정과 기기 조작이 무의미해진다. 과학자가 무엇을 지각하게 되든 간에 혁명 이후의 과학자도 같은 세계를 보고 있다. 혁명 이전에는 의미가 달랐다고 해도 같은 과학 용어들을 사용한다. 따라서 과학혁명 이후에도 똑같은 기기로 실험을 하고 같은 용어로 설명하는 연구를 다수 포함하게 된다.

이렇게 지속되는 작동들이 과학혁명에 의해 변했다면, 그런 변화는 패러다임과의 관계나 구체적인 결과에서 일어나야 한다. 돌턴의 원자론이 새로운 패러다임으로 자리 잡는 과정은 이러한 변화를 가장 잘 나타낸다.

18세기 초부터 19세기 초까지 유럽 화학계에서는 모든 화학종을 이루는 기본 입자들이 상호 간의 친화력에 의해 결합된다고 믿었다. 이 이론에 의하면 은이 산에 녹는 이유는 산 입자와 은 입자 사이의 친화력이 은 입자들 사이의 친화력보다 크기 때문이었다. 18세기에 친화력 이론은 훌륭한 화학 패러다임으로서 화학 실험의 설계와 분석에 널리 사용되었고, 때로는 성공적이었다.

친화력 이론에서는 물과 소금으로 이루어진 소금물이나 질소와 산소로 이루어진 공기를 화합물로 간주했다. 만일 산소가 질소와 화합물을 이루지 않고 그냥 섞여 있는 것이라면, 질소보다 무거운 산소가 바닥으로 가라앉아야 한다고 생각했다. 공기를 산소와 질소의 혼합물이라고 본 돌턴은 산소가 바닥으로 가라앉는다는 것을 만족스럽게 설명할 수 없었다. 그러나 화학자들은 친화력 이론이나 화합물과 혼합물의 구분을 쉽게 포기할 수 없었다. 이것은 패러다임의 일부였고, 특정한 실험적 검증보다 우선하는 것이었다.

18세기 말에 몇몇 화학 물질을 구성하고 있는 성분들의 비율이 일정하다는 사실이 널리 알려지게 되었고, 화학 반응에 참여하는 성분들의 비율에 대한 정확한 값이 알려지게 되었다. 그러나 대부분의 화학자들은 이 규칙성을 제대로 활용하지 못했으며, 그 규칙성을 일반화할 생각을 하지 못했다. 친화력 이론을 폐기하지 않고는, 그리고 화학자 범위를 새롭게 개념화하지 않고는 이런 규칙을 일반화하는 것은 가능하지 않은 일이었다. 이것이 돌턴이 원자론을 이끌어 내게 된 연구를 수행하던 시기의 상황이었다.

돌턴은 화학자가 아니라 물에 의한 기체의 흡수 및 대기에 의한 수분의 흡수와 관련된 물리적 현상을 다루던 기상학자였다. 따라서 돌턴은 당시의 화학자들과는 다른 패러다임을 가지고 이 문제에 접근했다. 그는 기체의 혼합물이나 물에서의 기체의 흡수를 친화력이 전혀 작용하지 않는 물리적 과정이라고 보았다. 용액에서 관찰된 균질성은 해결해야 할 문제였지만, 혼합물을 이루는 다양한 원자들의 상대적인 크기와 무게를 결정하면 해결할 수 있을 것이라고 보았다.

돌턴의 연구가 받아들여지자 그의 연구 이전에 실험으로는 확립될 수 없었던 법칙이 어떤 화학적 측정으로도 뒤엎을 수 없는 기본 원칙이 되었다. 이 사건의 결과로 동일한 화학적 조작들이 종전과는 다른 관계를 가지게 되었다.

돌턴으로부터 화학자들이 취했던 것은 새로운 실험 법칙이 아니라 화학을 수행하는 새로운 방식이었다. 새로운 방식이 유용하다는 것이 판명되면서 소수의 화학자들만이 이에 저항했다. 그 결과 화학자들은 화학 반응이 이전과는 전혀 다르게 행동하는 세계에 살게 되었다. 화학자들이 돌턴의 원자론을 수용한 것은 화학적 증거 때문이 아니었다. 돌턴의 원자론은 분자들이 몇 개의 원자들로 이루어져 있는지를 설명할 수 있는 방법을 제시하지 못했다. 그럼에도 돌턴의 원자론을 수용한 것은 원자론의 분석 방법이 화학 반응을 설명하는 데 유용했기 때문이었다.

돌턴의 방식이 널리 받아들여진 후에도 이론과 자연을 조화시키는 방법을 찾아내기 위한 연구가 계속되었다. 이런 연구가 이루어지는 동안 화합물들의 조성비도 달라졌으며, 자료 자체도 변화되었다. 쿤은 이것이 과학혁명 이후 과학자들이 다른 세계에서 일하게 된다고 이야기할 수 있는 또 다른 이유라고 했다.

11. 혁명의 비가시성

쿤의 모델에 따르면 과학의 역사에는 크든 작든 수없이 많은 과학혁명이 있었다. 그러나 오랫동안 과학의 발전 과정은 지식 축적적 과정으로 설명되어 왔다. 그것은 과학혁명이 전면에 드러나지 않고 뒤에 숨어 있었기 때문이라는 것이 쿤의 생각이다. 11장에서 쿤은 과학혁명을 체계적으로 숨기고 있는 과학자 사회의 특성에 대해 분석했다. 이런 분석을 시작하기 전에 쿤은, 우선 지금까지 논의에서 많은 예를 통해 과학혁명의 실체를 드러내 보이려고 노력했지만, 그런 예들은 오랫동안 혁명으로서가 아니라 과학적 지식의 축적 과정으로 간주되어 왔으며, 아무리 많은 예를 보여 주더라도 이런 상황이 크게 달라지지는 않을 것이라고 전제했다.

이런 예들이 오랫동안 과학혁명의 실체를 선명하게 드러내는 대신 과학의 발전 과정을 지식 축적적 과정인 것처럼 체계적으로 위장하는 데 사용되어 왔기 때문이라는 것이다. 쿤은 과학자나 일반인 모두 창조적인 과학 활동에 대한 이미지를 대부분 과학혁명의 존재와 의미를 체계적으로 위장하려는 권위로부터 얻기 때문에 그런 권위의 성격이 충분히 인식되고 제대로 분석될 때만 역사적 사례들에서 과학혁명의 존재를 발견할 수 있게 된다고 보았다.

과학혁명을 가리고 있는 권위의 원천은 과학 교과서와 교과서를 모델로 한 대중 서적 및 철학 서적들이다. 이들의 공통점은 그것들이 쓰인 시기의 과학자 사회가 받아들이고 있는 특정한 패러다임을 바탕으로 하고 있다는 것이다. 이들은 모두 과거 혁명의 안정화된 결과를 기록하고, 당대의 정상과학의 기반을 서술한다. 교과서는 과학혁명을 거칠 때마다 새롭게 쓰이고, 새롭게 쓰인 교과서는 그 교과서를 가능하게 했던 혁명의 역할뿐만 아니라 혁명의 존재 자체마저도 가려 버린다. 혁명을 직접 경험한 당사자가 아닌 이상 연구를 수행하는 과학자나 문헌을 읽는 일반인들의 역사적 감각은 가장 최근에 있었던 혁명의 결과에 한정된다.

교과서는 역사에 대한 과학자의 감각을 제거하고, 최근에 있었던 혁명의 결과물만을 제공한다. 교과서는 서론이나 이전 시대의 거장들에 대한 산발적이고 단편적인 인용에서 역사의 편린만을 다룰 뿐이다. 그러한 인용들로부터 학생들과 전문가들은 자신들이 오랜 과학 전통의 맥을 잇고 있는 사람이라고 느끼게 된다. 그러나 과학자들이 느끼는 교과서 유도적 전통은 결코 존재한 적이 없었다. 과학 교과서는 대부분 고도로 기능적이라는 이유로 과거 과학자들의 연구 중 패러다임 문제들의 서술과 해결에 기여했다고 평가되는 것들만 인용한다.

교과서에는 더러는 선택에 의해서, 더러는 왜곡에 의해서 이전 시대의 과학자들이 최근에 있었던 과학혁명의 결과로 형성된 정상과학의 기준에 의해 과학적이라고 할 수 있는 연구를 수행했던 것처럼 설명되어 있다. 뉴턴역학이 등장하기 이전에

행해진 케플러나 갈릴레이의 연구를 뉴턴역학의 관점에서 분석하여 뉴턴역학이 케플러나 갈릴레이의 전통으로부터의 축적적 과정을 통해 등장한 것으로 설명하는 것이 그런 예이다. 이로 인해 과학혁명이 실체를 드러내지 않게 되고, 과학이 지식축적의 과정을 통해 발전해 온 것처럼 보이게 된다.

역사적 사실을 경시하는 태도는 사실성에 최상의 가치를 부여하는 전문 분야, 다시 말해 과학 전문 분야의 이데올로기에 깊숙이, 그리고 기능적으로 침투되어 있다. 그 결과는 과학의 역사를 직선적, 그리고 축적적으로 보이도록 만든 경향이었다. 예를 들어 돌턴 원자론의 전개 과정에 대한 설명에서는 돌턴이 배수비례의 법칙과 같은 화학적 문제들에 대해 일찍부터 관심을 가지고 있었던 것처럼 보이게 만든다. 그러나 실제로 그러한 문제들은 그의 창의적 연구가 거의 완성되던 시기에 그것들의 해결과 더불어 비로소 그에게 떠올랐던 것이었다. 돌턴의 과학적 업적을 설명하는 교과서에는 이전에는 물리학과 기상학에 국한되었던 일련의 질문과 개념을 화학에 적용시킨 것의 혁명적 영향은 포함되어 있지 않다.

뉴턴은 중력에 의해 운동하는 물체가 이동한 거리는 시간의 제곱에 비례한다는 사실을 갈릴레이가 발견했다고 기록해 놓았다. 갈릴레이의 운동학을 뉴턴 자신의 역학으로 분석하면 그런 형태를 취하게 된다. 그러나 갈릴레이는 이와 관련해서 어떤 이야기도 하지 않았다. 낙하하는 물체에 대한 그의 논의에서는 물체를 낙하하게 하는 원인이 되는 균일한 중력에 대해서는 물론, 힘 자체에 대해서도 거의 언급하지 않았다.

갈릴레이 시대의 패러다임 아래서는 제기될 수도 없었던 질문의 대답을 갈릴레이의 공로로 돌림으로써 뉴턴역학이 가지고 있는 혁명적 성격이 가려지게 된다. 과학 발전 과정의 혁명적 성격을 숨겨 버림으로써 과학 발전을 선형적이고 축적적인 것으로 만드는 교과서의 경향은 과학 발전의 핵심에서 일어나는 과정이 보이지 않도록 만들어 버린다.

교과서는 학생들로 하여금 당대의 과학자 사회가 알고 있다고 생각하는 것을 빨리 익히게 하는 것을 목표로 함으로써 현행 정상과학의 다양한 실험, 개념, 법칙, 이론들을 개별적으로, 그리고 가능한 지속적으로 다루게 된다. 이것은 교육적인 측면에서는 매우 성공적이지만, 과학은 현대의 기술적 총체를 구성하고 있는 일련의 발견과 발명에 의해 현재의 상태에 이르게 되었다는 잘못된 인상을 심어 주게 된다.

교과서에는 과학자들이 과학 활동이 시작될 때부터 지금까지, 오늘날 널리 받아들여지고 있는 패러다임을 바탕으로 하는 과학적 사실을 알아내는 것을 목표로 꾸준히 발전해 온 것처럼 서술되어 있다. 다시 말해, 교과서는 건축에서 벽돌을 쌓아 올리는 것처럼 과학자들이 당대의 교과서가 제공하고 있는 정보 더미에 또 다른 사실, 개념, 법칙, 이론들을 하나씩 추가해 왔다는 것을 암시하고 있다.

쿤은 이것은 과학이 발전해 온 실제 방식이 아니라고 주장했다. 현대 정상과학에서 다루는 퍼즐들은 대부분 가장 최근의 과학혁명이 완결되기 전까지는 존재하지 않았던 것들이다. 그러나 이런 내용이 포함되어 있지 않은 교과서가 과학 발전 과정에 대한 우리의 인상에 큰 영향을 미치고 있다. 과학혁명이 쉽게 모습을 드러내지 않는 것은 이 때문이라는 것이다.

12. 혁명의 해결

12장에서 쿤은 과학혁명의 과정에서 두 개의 경쟁적인 패러다임 중 하나를 선택하는 과정이 어떻게 이루어지는지에 대해 설명했다. 두 패러다임 중 자연 현상을 더 잘 설명하는 패러다임이 선택될 것이라고 누구나 예상하겠지만 실제로는 그렇지 않다는 것이 쿤의 생각이다. 자연을 더 잘 설명한다는 기준이 모호하고, 그것을 비교하고 판단할 기준이 존재하지 않기 때문에 과학 외적인 기준에 의해 새로운 패러다임이 선택되는 일이 일어날 수도 있다는 것이다. 쿤의 과학혁명 모델에 대한 비판은 대부분 쿤의 이런 설명에 집중되었다. 쿤의 이런 설명은 과학을 논리적인 것이 아니라 임의적인 것으로 바꿔 놓았다는 것이다.

쿤은 발견에 의해서든, 아니면 이론에 의해서든 자연에 대한 새로운 해석은 개인 또는 소수의 전문가들에 의해 시작된다고 보았다. 그들은 정상과학을 위기로 몰고 가는 문제들에 관심을 집중한다. 그들은 대부분 위기에 처한 분야에 생소한 젊은 학자들이기 때문에 기존의 패러다임에 의해 결정된 세계관에 약하게 얽매여 있다. 그렇다면 무엇이 그들로 하여금 정상과학의 연구 전통을 버리고 새로운 전통을 선택하도록 할까?

정상과학에 종사하고 있는 연구자는 퍼즐 풀이자일 뿐 패러다임의 검증자는 아니다. 특정한 문제의 풀이를 찾는 동안 과학자는 원하는 결과를 내놓지 못하는 접근법을 피해서 수많은 대안적 접근을 시도하게 되지만, 그렇게 하는 것이 패러다임을 검증하는 것은 아니다. 그것은 마치 체스의 말들을 이리저리 움직여 보는 것과 같다. 그것은 주어진 규칙 안에서 해결책을 찾기 위한 것이지 게임 규칙에 대한 검증은 아니다.

패러다임에 대한 검증은 퍼즐을 풀기 위한 다양한 시도가 위기를 자초한 후에나 나타난다. 그리고 그런 때에도 위기의식이 대안적 패러다임 후보를 출현시킨 후에나 검증이 일어나게 된다. 패러다임에 대한 검증은 특정한 패러다임과 자연과의 대비를 통해서가 아니라 두 개의 경쟁적 패러다임 사이의 경합을 통해 이루어진다.

어떤 이론도 그와 관련되는 시험을 모두 접할 수는 없다. 따라서 우리는 이론이 입증되었는가를 묻는 것이 아니라 실제로 존재하는 증거에 비추어 그 이론이 개연성을 갖는지에 대해 묻게 된다. 그리고 그런 질문에 답하기 위해 서로 다른 이론들이 실제로 가지고 있는 증거를 얼마나 잘 설명하는지를 비교한다. 사실 입증은 마치 자연 선택과 같아 특정한 역사적 상황에서 제시된 대안들 중에서 가장 적합한 것을 가려낸다. 그런 선택이 최선의 선택이었는가를 묻는 것은 유용한 질문이 못 된다. 그러한 질문에 대한 답을 찾는 데 사용될 수 있는 기준이 없기 때문이다.

쿤은 칼 포퍼가 주장한 오류 입증(반증)의 역할은 이상 현상의 경험, 즉 위기 유발을 통해 새로운 이론을 위한 길을 마련하는 것이라고 했다. 이상 현상의 경험이 오류 입증의 경험과 동일한 것은 아니라는 것이다. 그는 오류 입증 경험이 존재하는지도 의심스럽다고 했다. 당면한 퍼즐을 모두 풀 수 있는 이론은 없다. 이미 얻어진 풀이 또한 완전하지 못한 경우가 많다. 이러한 불완전성이 이론 거부의 근거가 된다면, 모든 이론은 어느 때나 부정될 수 있다. 단 한 번의 심각한 실패가 이론 폐기를 정당화한다면, 모든 이론의 폐기를 막기 위해 오류 입증의 정도를 정하는 기준을 따로 마련해야 할 것이다. 그들은 개연론적 사실 입증 이론의 지지자들이 겪었던 것과 같은 난관에 봉착할 것이 확실하다.

포퍼가 주장한 반증은 기존 패러다임에 대한 경쟁 후보들의 출현을 유발한다는 점에서 매우 중요하지만, 이상 현상 또는 오류 입증만으로 경쟁 후보들이 출현하는 것은 아니다. 적어도 과학사학자들에게는 사실 입증이 사실과 이론의 일치를 확립한다고 주장하는 것은 별로 설득력이 없다. 역사적으로 의미 있는 이론들은 모두 대체로 사실과 일치되었다. 그러나 어느 이론이 사실과 부합되는가, 또는 얼마나 잘 부합되는가 하는 질문에 대한 정확한 대답은 없다.

쿤은 패러다임에 대한 오류 입증보다는 두 가지 경쟁적인 이론 가운데 어느 것이 사실과 더 잘 부합되는가를 묻는 것이 타당하다고 보았다. 프리스틀리의 이론이나 라부아지에의 이론은 모두 관찰 사실들과 엄밀하게 일치되지 않았음에도 불구하고 당대의 과학자들은 쉽게 라부아지에의 이론이 보다 합당하다는 결론을 내렸다.

그러나 이런 공식화는 경쟁하는 패러다임 중에서 하나를 선택하는 일을 실제 이상으로 쉽고 친숙한 과정처럼 보이게 한다. 만약 한 가지 계열의 과학적 문제들과 이 문제들의 해결을 위한 한 계열의 기준만 존재한다면, 패러다임 사이의 경쟁은 각 패러다임에 의해 해결할 수 있는 문제의 수를 세어 보는 것과 같은 방법으로 판단할 수 있을 것이다.

그러나 경쟁적인 패러다임의 주창자들은 언제나 조금씩은 엇갈리게 마련이다. 따라서 어느 쪽도 상대방이 자신의 입장을 확고하게 하는 데 필요한 모든 비경험적 가정을 시인하려고 하지 않는다. 그들은 각자 자신들의 패러다임을 바탕으로 논의한다. 서로 상대방을 자기 방식으로 끌어들이기를 원하면서도 어느 쪽도 자신의 입장이 증명되기를 기대할 수 없다. 패러다임 사이의 경쟁은 증명에 의해서 해결될 수 있는 종류의 싸움이 아니다.

경쟁적 패러다임의 제안자들이 상대방의 관점에 완전히 설 수 없는 것을, 혁명 이전과 혁명 이후의 패러다임을 동일한 기준을 이용하여 비교할 수 없다는 의미로 '동일 표준상 비교 불능성incommensurability'이라고 한다. 일차적으로 경쟁적인 패러다임의 제안자들은 패러다임 후보가 해결해야 하는 문제들에 대해 의견의 일치를 보지 못한다. 과학에 대한 기준이나 정의도 동일하지 않다. 뉴턴의 패러다임에로의 전환이나 라부아지에의 패러다임에로의 전환은 허용되는 질문뿐만 아니라 완성된 풀이까지 바뀌는 것을 의미하는 것이었다.

여기에는 동일 표준상 비교 불능성 이상의 것이 개재되어 있다. 새로운 패러다임들도 이전에 사용해 왔던 개념적이며 조작적인 용어와 장치의 많은 부분을 포함하기는 하지만, 전통적인 방법으로 사용하지는 않는다. 새로운 패러다임 안에서 옛 용어, 개념, 실험은 새로운 관계를 맺게 된다. 뉴턴역학에서 아인슈타인의 상대성 이론으로 전환하기 위해서는 공간, 시간, 물질, 힘 등을 포함하는 전반적인 개념상의 조직 체계가 변형되어야 한다.

혁명이라는 분수령을 가로지를 수 있는 의사소통은 부분적일 수밖에 없다. 코페르니쿠스가 이루어 낸 혁신은 단순히 정지해 있던 지구를 움직이게 한 것만이 아니라 물리학과 천문학의 접근 방식을 새롭게 바꾼 것이었다.

경쟁적 패러다임의 제안자들은 서로 다른 세계에서 그들의 연구를 수행한다. 한 사람은 서서히 낙하하는 속박된 물체들을 다루고, 한 사람은 같은 운동을 계속 반복하는 진자를 다룬다. 한 사람은 평평한 공간에서 일어나는 역학을 다루고, 한 사람은 휘어진 공간에서 일어나는 일을 다룬다.

서로 다른 세계에서 작업하기 때문에 서로 다른 그룹의 과학자들은 같은 대상을 보면서도 다른 것을 보게 된다. 한 그룹의 과학자들에게는 증명할 수 없는 법칙이 다른 그룹에게는 직관적으로 명백해 보이는 경우가 생기는 것은 이 때문이다. 그들 사이에서 충분한 의사소통이 이루어지기 위해서는 한 그룹이 '패러다임 전환'이라고 부르는 개종을 거쳐야만 한다.

패러다임 전환은 동일 표준상 비교 불능한 것들 사이의 이행이기 때문에 논리에 의해서, 또는 중립적 경험에 의해서 강제되어 한 걸음씩 진행되는 것이 아니라 게슈탈트 전환에서와 같이 일시에 일어나거나 전혀 일어나지 않는다. 그렇다면 과학자들은 어떤 방법으로 패러다임 전환을 일으킬까? 첫 번째 대답은 대개의 경우 그러한 전환을 거부한다는 것이다. 코페르니쿠스의 이론은 그가 죽은 지 거의 한 세기가 지나도록 소수의 전향자밖에 확보하지 못했다.

과거에는 그런 사실들이 과학자들 역시 인간이기 때문에 엄정한 증거가 있음에도 불구하고 자신들의 잘못을 인정하지 않는 것으로 간주되었다. 패러다임 전환은 강제될 수 없는 개종 경험이다. 옛 패러다임을 신봉하는 이들이 일생에 걸쳐서 벌이는 저항은 과학적 기준의 위반이 아니라 과학적 연구 자체의 성격 탓이다. 저항의 근원은 옛 패러다임이 결국 모든 문제를 풀어 줄 것이라는 확신, 즉 자연이 자신들의 패러다임이 제공하는 틀에 들어맞을 것이라는 확신에 있다. 혁명기에 그런 확신은 고집스럽고 완고하게 여겨질 수 있다. 그러나 그런 확신은 정상과학의 퍼즐 풀이를 가능하게 하기 위해 필요한 것이다.

비록 시간이 걸리기는 했지만, 새로운 패러다임으로의 개종은 이루어져 왔다. 이러한 개종은 과학자들이 인간임에도 불구하고 일어나는 것이 아니라, 인간이기 때문에 일어난다. 대개 나이가 많고 노련한 과학자들은 새로운 패러다임을 무작정 거부할는지도 모르지만, 대부분의 과학자들은 새로운 패러다임으로 전향한다. 최후의 저항이 사라지고 난 뒤에는 과학자 사회 전체가 다시 단일한, 그러나 이전과는 다른 패러다임 아래에서 연구하게 될 것이다. 따라서 이제 우리는 개종이 어떻게 유발되며 어떻게 저항받는지 알아볼 것이다.

과학자들은 여러 가지 이유로 새로운 패러다임을 수용하게 된다. 이들 이유 가운데 몇 가지는 확실하게 과학 영역 밖에 속하는 것이다. 그 밖에 다른 이유들은 과학자의 생애와 성격에 따라 달라진다. 심지어는 스승들의 국적이나 명성이 상당한 역할을 하기도 한다. 따라서 과학자 개인을 개종시키는 이유에 관심을 둘 것이 아니라 과학자 사회의 성격에 관심을 가져야 할 것이다. 이에 대해서는 다음 장에서 다루기로 하고, 여기서는 패러다임 사이의 경쟁에서 중요한 것이라고 입증된 몇 가지 요소들에 대해 살펴보자.

새로운 패러다임을 지지하는 사람들이 내세우는 가장 유력한 주장은 새로운 패러다임이 옛 패러다임을 위기로 몰아간 문제들을 해결할 수 있다는 것이다. 그것을 합리적으로 설득할 수 있는 경우에는 이것이 가장 효과적인 개종 이유가 될 수 있다. 이런 종류의 주장은 새로운 패러다임이 기존의 패러다임보다 훨씬 우월한 정확성을 가지고 있는 경우에 성공할 확률이 높다. 수리천문학적 관측의 정량적 예측에서 보인 뉴턴역학의 성공은 경쟁 이론들을 물리치고 승리를 거두게 된 가장 중요한 이유였다.

그러나 새로운 패러다임이 위기를 야기한 문제들을 해결했다는 주장은 그렇게 확실하지 않으며, 언제나 그렇게 떳떳한 주장도 아니다. 코페르니쿠스의 이론은 프톨레마이오스의 이론보다 더 정확하지도 않았고, 달력의 개량에 도움이 되지도 못했다. 이런 경우에는 그 분야의 다른 부분으로부터 증거가 유도되어야 한다. 새로운 패러다임이 예전의 패러다임 아래서는 문제 되지 않았던 현상들을 예측하는 경우 특히 설득력을 갖는다. 코페르니쿠스의 이론은 금성의 위상 변화를 예측했고, 그가 죽은 후 60년이 지나 그러한 예측은 갈릴레이의 망원경 관측을 통해 확인되었다. 이는 많은 전향자들을 만들었다.

쿤은 경쟁 패러다임의 상대적 능력에 바탕을 둔 설득이 가장 효과적이라는 것은 인정했지만 그것이 개종을 강제할 수는 없다고 보았다. 그는 과학자들로 하여금 옛 패러다임을 버리고 새로운 패러다임을 받아들이도록 유도하는 또 다른 종류의 사고방식이 존재한다고 했다. 그것은 '보다 간결하다', '보다 적합해 보인다', '보다 단순하다'와 같이 개인적인 심미적 감각이다.

대부분 새로 등장하는 패러다임 후보들은 미숙한 상태이다. 심미적 호소력이 완전히 갖추어졌을 때는 과학자 사회 대부분이 다른 방식으로 설득된 이후이다. 그럼에도 불구하고 심미적 고찰이 결정적으로 작용하는 경우도 있다. 심미적 요소들로 인해 새로운 이론으로 전향하는 과학자의 수는 많지 않지만, 패러다임의 궁극적인 승리가 이런 소수에 의해 좌우되는 것이 그런 경우이다.

주관적이고 심미적인 고찰의 중요성을 이해하기 위해서는 패러다임 논쟁의 특성을 알아야 한다. 새로운 패러다임 후보가 처음 제안될 때는 당면한 문제들 가운데 일부만 해결할 수 있을 뿐이며, 그런 풀이들조차도 미흡한 상태이다. 따라서 새로운 패러다임의 반대자들은 위기에 처한 영역에서조차도 새로운 패러다임 후보가 전통적인 패러다임보다 우월한 점이 없다고 주장할 수 있다.

전통 패러다임의 옹호자들은 새로운 패러다임으로는 풀지 못하나 그들의 관점으로는 문제가 없는 문제들을 제시할 수 있다. 따라서 어느 패러다임이 우월한지를 가리는 것은 어려운 일이다. 그런 경우 전통적 패러다임이 유리한 입장에 서게 된다. 새로운 패러다임의 후보가 상대적인 문제 해결 능력만을 검토하는 사람들에 의해 심판을 받아야 한다면, 과학에는 극소수의 혁명만이 있었을 것이다.

패러다임 사이의 논쟁은 상대적인 문제 해결 능력에 관한 것이 아니라 어떤 패러다임도 풀지 못하는 문제들에 대해서 어느 패러다임이 장차 연구의 지침이 될 것인가에 대한 것이다. 패러다임 사이의 경쟁에서는 과거의 업적보다는 미래의 가능성이 더 중요하다. 초기에 새로운 패러다임을 수용하는 사람들은 문제 해결 능력에 대한 충분한 증거가 없는 상태에서 그것을 받아들여야 한다.

그들은 옛 패러다임이 일부 문제를 해결하는 데 실패했다는 사실만을 알고 있는 상태에서 새로운 패러다임이 다수의 문제를 다루는 데 성공할 것이라는 믿음을 가지고 있어야 한다. 이런 종류의 결정은 신념을 바탕으로 했을 때만 가능하다.

위기의 선행이 중요한 이유는 이 때문이다. 그러나 위기만으로는 충분하지 않다. 새로운 패러다임 후보는 적어도 몇 명의 과학자들로 하여금 새로운 패러다임이 올바른 궤도에 올라 있음을 느끼게 해 주어야 한다. 그런 것을 느끼게 해 주는 것이 지극히 개인적이고 불분명한 심미적 고찰일 때가 종종 있다. 사람들은 때로 대부분의 명확한 논증이 반대 방향을 가리키고 있는 경우에도 심미적 고찰에 의해 믿음을 바꾸어 왔다.

패러다임의 새로운 후보는 처음에는 지지자도 거의 없고, 지지자의 동기도 의심스러운 경우가 많다. 그럼에도 불구하고 지지자들이 유능한 경우 패러다임을 개정하고, 가능성을 탐구하고, 새로운 패러다임에 의해 인도되는 과학자 사회가 어떤 것이 되는가를 보여 주게 된다. 그리고 그런 일이 진행됨에 따라 설득력 있는 논증들의 수가 증가될 것이다.

그에 따라 보다 많은 과학자들이 새로운 패러다임으로 개종할 것이고, 새로운 패러다임의 탐사 작업이 계속되어 새로운 패러다임에 기초한 실험, 기기, 논문, 서적의 수가 늘어날 것이다. 새로운 패러다임으로 개종한 사람들이 정상과학을 수행하는 새로운 방식을 채택하게 되면서 소수의 나이 많은 저항자들만 남게 될 것이다.

13. 혁명을 통한 진보

마지막 장인 13장에서 쿤은 과학이 어떻게 항상 발전해 왔는가에 대해 설명했다. 어쩌면 과학의 발전 과정을 새롭게 분석한 이 책에서 꼭 필요하지 않은 내용일 수도 있고, 설득력이 가장 떨어지는 내용이라고 할 수도 있다. 그러나 다행스러운 것은 핵심적인 내용에서 벗어나는 내용을 다루고 있어 다소 설득력이 떨어지더라도 주목받지 않을 수 있다는 것이다.

쿤은 '과학은 어떻게 예술, 정치 이론, 또는 철학이 발전하는 것과는 다른 방식으로 꾸준히 발전하고 있을까?' '어째서 진보는 과학 활동의 가장 큰 특징이 될 수 있었을까?'라는 질문의 답을 찾기 위해 여러 가지 분석을 했다. 이 질문의 오랫동안 받아들여져 온 가장 일반적인 대답은, 과학은 지식 축적적 과정을 통해서 발전한다는 것이다. 그러나 이 책의 목적은 그런 대답이 옳지 않음을 보여 주는 것이었다. 따라서 과학이 발전하는 원인을 다른 곳에서 찾아내야 한다.

쿤은 이 물음의 대답 일부는 전적으로 어의적語義的인 사실에서 찾을 수 있다고 했다. 거의 모든 경우 '과학'이라는 용어는 확실한 방식으로 발전이 일어나는 분야에만 사용된다는 것이다. 다시 말해, 계속적으로 발전하는 분야만을 과학이라고 부르기 때문에 과학이 발전할 수밖에 없다는 것이다. 쿤은 사회과학이 참으로 과학인가에 대한 논쟁에서 이러한 성격이 잘 드러난다고 했다. 사회과학은 과학이라고 분류되는 분야들에서 패러다임이 형성되기 이전 상태와 유사한 면이 많다. 사회과학자들 중에는 자신들의 분야가 과학이라고 주장하는 사람이 있는 반면, 과학이 아니라고 반박하는 사람들도 있다.

그러나 과학과 진보의 문제는 어의적인 것보다는 좀 더 근원적인 것에서 답을 찾아야 할 것이다. 발전하고 있는 모든 분야를 과학이라고 간주하는 것은 문제점을 부각시킬 뿐이지 문제의 답이 될 수 없다. 따라서 이 문제는 과학의 특성에서 그 답을 찾아야 할 것이다.

우선 정상과학에서의 연구 활동의 몇 가지 두드러진 특징에서부터 과학과 발전의 문제를 생각해 보자. 성숙한 과학자 사회의 구성원들은 단일 패러다임을 바탕으로 연구 활동을 한다. 단일한 패러다임을 바탕으로 하는 과학자 사회에서의 창의적인 작업의 결과는 발전일 수밖에 없다. 비과학 분야가 발전하지 않는 것은 각 학파가 발전하지 않기 때문이 아니라 경쟁하는 학파들이 서로 다른 학파의 기반에 대해서 끊임없이 의문을 제기하기 때문이다.

다수의 경쟁 학파가 존재하는 패러다임 이전 시대에는 단일한 학파 내에서의 발전을 제외하면 발전의 증거를 찾아보기 어렵다. 개인이 과학을 수행하는 이 시기에는 연구 활동의 결과가 과학에 추가되지 않는다. 그리고 한 분야의 패러다임이 논쟁거리가 되는 혁명의 시기에도 반대되는 패러다임이 채택되는 경우 지속적인 발전이 가능할 것인가에 대한 의문이 거듭 표출된다.

뉴턴역학을 거부했던 사람들은 뉴턴역학이 물질에 내재하는 본유적인 힘에 의존함으로써 과학을 중세의 암흑시대로 되돌려 놓을 것이라고 주장했다. 요컨대 발전이 분명하고 동시에 확실해 보이는 것은 정상과학 기간에 한정된다.

그렇다면 발전 문제에 대한 대답의 일부는 무엇을 발전이라고 보느냐 하는 관찰자의 관점에 달려 있다고 할 수도 있을 것이다. 연구 활동의 목표와 기준에 대해 의문을 제기하는 경쟁 학파가 없는 정상과학 시기에는 진보가 더 쉬워 보일 것이다. 과학자 사회가 공통된 패러다임을 수용하여 기반이 되는 원칙들을 끊임없이 재검토해야 할 필요성으로부터 해방되면, 그 사회의 구성원들은 중요한 문제에 집중할 수 있게 된다. 그것은 문제 해결의 효율성과 능률을 증대시킨다. 전문 과학 분야의 여러 성격들은 이런 효율성을 더욱 증진시킨다.

과학에서의 전문 활동의 성격 중 일부는 과학자 사회가 일반인들의 요구로부터 거의 완전하게 고립되어 있다는 것이다. 개인의 창의적 활동의 결과가 과학자 사회만큼 배타적으로 전문 분야의 구성원들에게만 공표되고 또 그들에 의해서만 평가되는 경우는 없다. 과학자들은 같은 가치관과 신념을 공유하는 동료들만을 대상으로 연구하는 까닭에 단일한 한 벌의 기준들을 당연한 것으로 받아들일 수 있다. 그들은 다른 그룹이 어떻게 생각할 것인가를 염려할 필요가 없고, 하나의 문제를 해결한 다음에는 더 빨리 다른 문제로 옮겨 갈 수 있다.

이보다 더 중요한 것은 일반 사회와 과학자 사회의 분리로 인해 과학자 개인에 의해서 풀릴 수 있다고 믿을 만한 근거가 충분한 문제들에 주의를 집중하도록 만든다는 것이다. 공학자나 의사, 그리고 신학자들과는 달리 과학자는 문제 해결의 시급성과 수단에 구애받지 않고 도전할 문제를 선택할 수 있다. 자연과학과 사회과학 사이에도 이런 차이가 존재한다. 사회과학에서는 사회적으로 얼마나 중요한지가 연구 주제 선택의 기준이 되는 경우가 많다.

보다 큰 사회로부터의 분리는 전통적인 비법을 전수하는 과학자 사회의 교육에 의해 더욱 강화된다. 자연계 학생은 대학원에서 독자적인 연구를 시작하기 전까지는 교과서에 의존한다. 대학의 상급반 학생들에게는 연구 논문과 독서 자료를 과제물로 부과하기도 하지만, 이 경우에도 교과서에 없는 부분을 보완하는 자료로 제한될 뿐이다. 과학자 교육의 최종 단계에 이르면 교과서는 교과서를 가능하게 했던 독창적인 과학 문헌으로 대체된다.

이런 형태의 교육이 전반적으로 매우 효과적이었음에 주목하지 않을 수 없다. 물론 이런 교육을 폭이 좁은 경직된 교육이라고 비판할 수 있겠지만, 정상과학에서의 퍼즐 풀이를 위해 과학자들을 완벽하게 준비시키는 데는 매우 효과적이다. 이런 교육은 정상과학을 통한 의미 있는 위기의 형성에 대해서도 잘 대비한다. 따라서 정상과학에서 과학자 사회는 기반이 되는 패러다임이 규정하는 문제나 퍼즐들을 푸는 데 매우 효율적인 도구가 된다. 그런 문제들을 해결한 결과는 발전일 수밖에 없다.

지금까지의 논의는 정상과학 시기에 왜 과학이 발전할 수밖에 없는지에 대한 것이었다. 그렇다면 어째서 과학혁명에서도 발전이 확실히 담보되어야 할까? 이 문제는 과학혁명의 결과가 다른 무엇이 될 수 있는지를 살펴봄으로써 명확해질 것이다. 혁명은 대립되는 두 진영의 한쪽이 승리를 거둠으로써 종식된다.

경쟁에서 승리한 그룹이 승리의 결과를 진보 외에 다른 무엇이라고 판단할까? 자신들의 승리를 발전이라고 하지 않는다면 그것은 자신들이 틀렸고 상대방이 옳았다는 것을 인정하는 것이나 마찬가지이다. 적어도 경쟁의 승리자들에게 혁명의 결과는 발전이어야 하며 미래의 과학자들이 그렇게 보도록 확신시킬 수 있는 유리한 위치를 차지하게 된다.

과학자 사회의 존재 의미는 특정한 유형의 사회 구성원들에게 패러다임 사이에서의 선택 능력을 부여하는 것에 달려 있다. 기록을 남긴 모든 문명은 현대의 것만큼이나 발전된 기술, 예술, 종교, 정치체제, 법률을 가지고 있었다. 그러나 그리스로부터 전승된 문명만이 가장 원초적인 과학 이상의 무엇을 가지고 있었다. 과학 지식의 대부분은 지난 4세기 동안 유럽이 낳은 산물이다. 그 밖의 다른 지역, 다른 시대는 과학적 연구 활동을 하는 과학자 사회를 뒷받침하지 못했다.

과학자 사회는 패러다임의 변화를 통해서 해결되는 문제의 수효와 정확도를 극대화하는 고도의 효율적인 장치라고 할 수 있다. 과학적 성취 단위는 해결된 문제로 이루어지고, 과학자 그룹은 어떤 문제들이 이미 해결되었는지 잘 알고 있기 때문에 이미 해결된 문제들에 다시 의문을 제기하는 과학자는 거의 없다. 이미 해결된 것으로 알려졌던 문제의 해결 방법이 문제시되어 안정 상태가 깨지고, 패러다임의 새로운 대안이 등장한 경우라고 해도 다음과 같은 두 가지 조건이 만족되지 않으면 과학자들은 그것을 수용하기를 거부한다.

첫 번째는 새로운 패러다임의 대안이 다른 방법으로는 해결될 수 없어 보이는 일반적이고 중요한 문제를 해결할 수 있는 것으로 인정받아야 한다. 두 번째는 새로운 패러다임이 기존의 패러다임을 통해서 과학이 성취했던 구체적인 문제 해결 능력의 상당 부분을 보전할 수 있다는 것을 보여 주어야 한다.

우리는 과학을 자연에 의해 미리 설정된 어떤 목표를 향해 다가가는 활동으로 간주하는 것에 익숙해져 있다. 그러나 과학에 그런 목표가 반드시 있어야 할까? 쿤은 '우리가 알고 싶어 하는 것을 향한 진화evolution toward what we wish to know' 대신 '알고 있는 것으로부터의 진화evolution from what we do know'로 대치한다면 이런 질문이 의미 없는 것이 될 것이라고 했다. 1859년에 다윈이 자연선택에 의한 진화론을 처음 제안했을 때 많은 전문가들을 괴롭혔던 것은 종의 변화 개념이 아니었으며, 종교 집단으로부터의 강력한 저항도 아니었다.

다윈 이전에도 진화론은 널리 퍼져 있었다. 그러나 다윈 이전의 진화론은 목적론적이었다. 다윈의 진화론은 이런 목적론을 붕괴시켰다. 많은 사람에게 목적론의 붕괴는 다윈의 제안에서 가장 의미 깊고 수용하기 어려운 문제였다. 『종의 기원』은 신이나 자연, 그 어느 것에 의해 설정된 목표를 인정하지 않는다. 그 대신, 주어진 환경에서 유기체들에게 작용하는 '자연 선택'이라는 메커니즘을 보다 정교하고 복잡하며 훨씬 더 분화된 유기체들의 점진적이지만 꾸준한 출현의 원인으로 제시했다.

생존을 위한 유기체들의 경쟁의 결과인 자연 선택이 인간을 포함한 고등동식물을 만들었다는 믿음은 다윈 이론에서 가장 난해하고 혼란스러운 측면이다. 특정한 목표가 없다면 진화, 발전, 진보가 무슨 의미를 가질 수 있을까? 자연 선택 이론을 받아들이자 많은 사람에게 이러한 용어들은 갑자기 자기모순적인 것으로 여겨졌다.

유기체의 진화를 과학적 개념의 진화에 비유하는 것은 지나친 비약일 수 있다. 그러나 이러한 비유가 생각보다 그럴듯하다. 혁명의 해결 방법에서 설명했던 과정은 과학자 사회가 미래의 과학을 수행하는 가장 적합한 길을 찾으려는 경쟁 가운데 이루어지는 선택의 과정이다. 혁명적 선택의 결과가 현재 우리가 현대 과학 지식이라고 부르는 체계이다. 생물학적 진화의 경우와 마찬가지로 과학 발전의 전 과정 역시 미리 설정된 목표나 절대적인 진리의 도움 없이 일어날 수 있다. 그렇게 되면 과학의 발전에서도 발전이나 진보라는 말이 큰 의미를 가지지 못할 것이다.

결국 13장에서의 쿤의 결론은 과학에서 진보가 어떻게 일어나는지에 대한 설명이 아니라, 다윈의 진화론이 목표를 향한 진화가 아니라 다양성 증가와 자연 선택에 의한 진화이듯이 과학에서의 진보라는 것도 의미 없는 이야기가 될 수 있다는 것이다. 다시 말해 쿤은 진보가 아니라 변화라는 표현이 과학에 더 적절할 수 있지 않겠느냐는 유보적인 입장을 취한다.

제4장
추가 — 1969

1962년에 『과학혁명의 구조』가 처음 출판되고, 7년 후인 1969년에 개정판이 출판되었다. 1969년에 출판된 개정판에는 '추가-1969'라는 제목으로 초판의 내용을 보완하는 부분이 추가되었다. 추가 원고에서 쿤은 초판 출판 이후 비판의 목소리를 수렴하고 더 깊이 있는 연구를 통해 이해의 폭을 넓히게 되었지만, 근본적인 문제에 대해서는 생각이 달라지지 않았다고 밝혔다. 그리고 그는 추가된 부분에서 몇 가지 비판에 대해 언급하고 해명해 놓았다.

『과학혁명의 구조』의 많은 부분에서 패러다임이라는 용어가 두 가지 다른 의미로 쓰이고 있다. 한편으로는 패러다임이 특정한 과학자 사회의 구성원들에 의해서 공유되는 신념, 가치, 기술 등을 망라한 총체적 집합을 가리키고, 다른 한편으로는 그런 집합에 속하는 한 가지 유형의 구성 요소를 가리키는 것으로서 모형이나 예제로 사용되고 있는 구체적 퍼즐 풀이를 나타낸다.

쿤은 보다 심오한 의미를 가지고 있는 패러다임의 두 번째 의미가 이 책이 불러온 논쟁과 오해의 원천이 되었다고 보고, 추가 원고에서는 이것을 집중적으로 다루었다. 쿤은 이 책이 과학을 주관적이고 비합리적인 활동으로 만들었다는 비난을 받게 된 것은 두 번째 의미의 패러다임 때문이라고 보았다.

1. 패러다임과 과학자 사회의 구조

쿤은 추가 원고의 앞부분에서 과학자 사회가 먼저 만들어지고 그 후에 패러다임이 확립되었다는 것을 상기시키고, 이 책을 과학자 사회의 구성과 성격에서부터 시작했어야 했다고 설명했다. 과학자 사회는 패러다임에 의존하지 않고도 형성될 수 있어야 하고, 패러다임은 과학자 사회 구성원들의 행동을 세밀히 검토함으로써 발견되어야 한다는 것이다. 또한 최근에 이런 방향으로의 연구가 활발하게 전개되고 있다고도 했다.

과학자 사회는 과학 분야의 종사자들로 구성된다. 그들은 유사한 교육 과정과 전수 과정을 통해 동일한 기술적 문헌 내용을 습득하고, 동일한 교훈을 얻은 사람들이다. 과학자 사회에도 양립되지 않는 관점에서 주제에 접근하는 학파들이 존재할 수 있지만, 다른 분야에 비하면 이런 일은 매우 드물다. 과학자 사회의 구성원들은 후계자 양성을 비롯한 동일한 일련의 목표를 추구해야 하는 책임을 진 사람들이다. 과학자 사회 안에서의 의사소통은 비교적 완전하며, 전문적인 판단에서도 의견이 쉽게 일치된다.

세상에는 다양한 규모와 수준의 과학자 사회가 존재한다. 가장 큰 규모의 과학자 사회는 전 세계의 모든 자연과학자들로 이루어진 과학자 사회이다. 이보다 약간 낮은 단계의 과학자 사회가 물리학자, 화학자, 천문학자, 동물학자들로 이루어진 과학자 사회이다. 이와 같은 방법으로 하나의 과학자 사회는 여러 하위 그룹으로 나뉜다. 이런 유형의 과학자 사회가 과학 지식의 생산과 확인의 주역이 된다. 패러다임이란 그런 그룹들의 구성원이 공유하는 그 무엇을 말한다. 따라서 쿤은 과학자 사회가 공유하는 기본 요소의 성격과 관련짓지 않고는 『과학혁명의 구조』의 앞부분에서 설명한 과학의 여러 가지 성격은 도저히 이해될 수 없을 것이라고 보았다.

과학자 사회의 성격 가운데 가장 중요한 것은 패러다임이 없는 시대로부터 패러다임 이후의 시대로 이행한다는 것이다. 이런 이행이 일어나기 전에는 여러 갈래의 학파들이 그 분야의 지배권을 놓고 경쟁하게 된다. 이후 몇몇 주목할 만한 과학적 성취에 의해 다수의 학파가 하나의 학파로 수렴되어 보다 효율적인 연구 활동을 시작한다.

정상과학과 혁명은 모두 과학자 사회에 기초한 활동이기 때문에 이들의 성격을 이해하기 위해서는 오랜 시간 동안 과학자 사회의 구조가 변해 가는 양상을 분석해야 한다. 일부 비판자들은 이 책에서 패러다임에 대한 과학자들의 충성도가 한결같음을 지나치게 과장했다고 보았다. 쿤도 그런 의견에 동의하기는 하지만 그것을 반증의 사례라고는 보지 않는다.

이 책에서 인용한 사례들이나 그와 관련된 과학자 사회의 성격 및 규모에 대한 모호한 표현으로 인해 몇몇 중요한 과학혁명에만 초점을 맞추고 있다는 비판도 있다. 그러나 과학혁명이 항상 대규모로 진행되어야 하는 것이 아니며, 예를 들어 25명 이하의 소집단 밖에 있는 사람들에게는 혁명이라고 인식되지 않는 혁명도 있을 수 있다.

정상과학의 위기가 항상 혁명에 선행되고 있는지에 대해 의문을 표하는 사람들도 있다. 쿤은 위기가 혁명의 필수요건이 아니라, 통상적인 혁명의 서막일 뿐이라고 본다. 혁명은 다른 방법으로 유도되기도 하지만 그런 일은 그리 흔하지 않다. 그리고 위기가 항상 과학자 사회의 연구에 의해서 발생되는 것이 아니라, 전자 현미경 같은 새로운 기기나 맥스웰 법칙과 같은 새로운 법칙이 다른 분야에 위기를 야기하기도 한다고 보았다.

2. 집단 공약의 집합으로서의 패러다임

『과학혁명의 구조』를 읽은 어느 독자는 패러다임이 이 책의 핵심이 되는 철학적 요소들을 가리킨다고 생각하여 이 책에서 패러다임이라는 용어가 22가지 다른 의미로 사용되었다고 지적했다. 쿤은 이러한 독자의 의견을 소개하고, 그런 차이들은 대부분 때로는 패러다임이고, 때로는 패러다임의 부분이며, 때로는 패러다임적인 것들을 모두 패러다임이라고 표현한 일관성 결여 때문에 생겨났다고 설명했다. 쿤은 패러다임이라는 용어 대신 '전문 분야 행렬'이라고 표현하여 이 문제를 해결하려고 했다.

'전문 분야disciplinary'라는 말은 특정 전문 분야 종사자들의 공통적인 소유를 뜻하고, '행렬matrix'이라는 말은 다양한 유형의 규칙적 요소들로 구성된다는 것을 의미한다. 패러다임들, 패러다임의 부분들, 패러다임적인 것들은 모두 전문 분야 행렬의 요소를 이루고 있으며, 그 요소들은 온전한 하나를 형성하여 총체적으로 작용한다. 쿤은 전문 분야 행렬 요소들의 목록을 만드는 대신 이들의 네 가지 유형에 대해 설명했다.

전문 분야 행렬 요소의 첫 번째 유형은 기호적 일반화가 가능한 것들이다. 이런 유형의 요소들은 때로 $f=ma$나 $I=V/R$과 같이 기호 형태로 표현된 것도 있고, 문장 형태로 표현된 것도 있다. 이런 요소들은 자연 법칙처럼 보이지만 자연 법칙 이상의 기능을 하고 있다. $f=ma$나 $I=V/R$과 같이 기호 형태로 표현된 요소들은 법칙들로서도 작용하지만, 특정 물리량을 정의하기도 한다. 예를 들어 옴의 법칙은 전류와 저항을 새롭게 정의하는 것이었다. 만약 이 용어들이 이전의 의미대로 사용되었다면 옴의 법칙이 옳은 것이 되지 못했을 것이다. 옴의 법칙이 초기에 격렬한 반대를 겪은 것은 이 때문이었다.

전문 분야 행렬 요소의 두 번째 유형은 형이상학적 패러다임, 또는 패러다임의 형이상학적 부분이라고 했던 것들이다. '열은 물체의 구성 요소들의 운동 에너지이다'와 같이 특정한 모형에 대한 믿음이 이런 유형의 요소에 해당한다. 이런 유형의 요소들은 무엇을 설명이나 퍼즐 풀이의 대상으로 채택할 것인가를 결정하는 데 도움을 준다. 다시 말해 이런 요소들은 해결해야 할 퍼즐들의 목록을 결정하고, 각각의 중요성을 평가하는 데 도움을 준다.

전문 분야 행렬 요소의 세 번째 유형은 가치관이다. 보통 그것들은 상이한 과학자 사회에서 기호적 일반화나 모형의 경우보다도 광범위하게 받아들여지며 그런 가치관들은 과학자들을 하나의 집단으로 묶는 데 중요한 역할을 한다. 가치관은 항상 작용하고 있지만 과학자 사회의 구성원들이 위기를 확인해야 할 때, 그리고 양립할 수 없는 방식 중에서 특정한 방식을 선택할 때 특히 중요하다.

전문가 집단이 공유하는 가치관의 한 가지 특징은 다른 요소들보다 차이가 많이 나는 사람들에 의해 공유될 수 있다는 것이다. 예를 들어 정확도의 판정은 시대가 달라지더라도 쉽게 변하지 않으며, 특정 그룹의 구성원에 따라 달라지지도 않는다. 그러나 단순성, 일관성, 개연성 따위에 대한 판정은 개인에 따라 크게 달라질 수 있다.

전문 분야 행렬 요소의 네 번째 유형은 언어학상으로 패러다임이라는 말에 꼭 들어맞는 요소이다. 이것은 쿤이 패러다임이라는 말을 선택하도록 했던 어느 그룹이 공유하고 있는 공약의 한 성분이다. 여기서는 이런 유형의 행렬 요소를 '표준례'라고 부른다.

표준례는 실험실이나 시험 문제, 과학 교재를 통해 과학 교육의 시작에서부터 학생들이 접하게 되는 구체적인 문제 풀이들이다. 여기에는 과학자들이 교육 과정을 마친 후 연구 활동을 하면서 접하게 되는 기술적 문제 풀이의 일부가 추가되어야 한다. 이런 것들은 과학 연구가 어떻게 수행되어야 하는지를 실례로서 보여 주는 것들이다. 표준례들의 차이는 과학자 사회에 미세한 구조의 차이를 만들어 낸다.

『과학혁명의 구조』의 내용을 이해하기 위해서는 패러다임이라는 말이 각 문장에서 어떤 유형의 전문 분야 행렬을 나타내는지를 정확하게 파악해야 한다. 그러나 아무리 노력해도 그것이 명확하지 않은 부분이 있다는 점이 『과학혁명의 구조』를 읽기 어렵게 만든다.

3. 공유된 예제로서의 패러다임

표준례는 전문 분야 행렬 요소들의 어느 유형보다도 많은 관심을 가져야 하는 요소이다. 학생들이 교재를 통해 접하는 문제들은 이미 알고 있는 문제들을 실습하는 것이라고 생각했기 때문에 과학철학자들은 이 문제를 중요하게 다루지 않았다. 과학 지식은 이론과 규칙 속에 내재되어 있고, 문제들은 그것을 적용하는 방법을 수련하도록 하기 위해 제공되는 것일 뿐이라고 생각한 것이다. 그러나 문제를 푸는 것은 자연에 관한 일관성 있는 방법을 배우는 것이다. 문제를 통해 제공되는 표준례가 존재하지 않는다면 학생들이 이미 배운 법칙과 이론은 경험적인 면을 전혀 포함하지 못할 것이다.

과학을 공부하는 학생들은 교재의 한 장 끝에 실린 문제들을 푸는 데 여러 가지 어려움을 겪는다. 그러나 학생들은 새로운 문제들을 이미 다룬 적이 있는 문제들과 같은 방식으로 다루는 법을 발견한다. 학생들은 문제들 사이의 유비관계를 파악한 다음 이런 유형의 문제를 푸는 데 효과적이라고 증명된 방식을 적용하여 문제를 해결한다.

다양한 상황을 서로 닮은 것으로 보는 능력은 학생들이 연필과 종이를 이용하든 실험실에서의 실험을 통해서든 예제를 풀면서 얻는 성과이다. 어느 정도의 문제 풀이를 하고 나면 학생은 한 사람의 과학자로서 그에게 닥치는 상황을 전문가 그룹의 다른 구성원들과 같은 방식으로 다루게 된다. 그 학생에게는 그런 상황이 수련을 시작할 때 당면했던 상황과는 더 이상 동일하지 않다. 표준례들을 푸는 동안에 그 학생은 전문가 그룹이 사물을 보는 방법과 같은 방식으로 사물을 볼 수 있도록 동화되는 것이다.

4. 묵시적 지식과 직관

쿤은 독자들 중 일부가 과학을 논리와 법칙보다는 분석이 가능하지 않은 개별적 직관에 머물게 하려 했다고 비판한 데 대해 설명했다. 그는 독자들이 그렇게 느낀 것은 두 가지 측면에서 방향을 잘못 잡았기 때문이라고 했다. 첫째로 이 책에서 말하고 있는 직관은 개인적인 것이 아니라 성공을 거둔 그룹의 구성원들이 지닌 (시험을 거친) 공유된 직관이라는 것이다. 초보자들은 그룹의 구성원이 되기 위한 수련 과정을 통해 그런 직관을 얻게 된다. 둘째로 그런 직관은 분석할 수 없는 것이 아니라고 지적했다. 쿤은 그런 직관의 성질을 조사하는 실험을 구상하고 있었지만 구체적인 내용을 밝히지는 않았다.

쿤은 공유된 표준례 속에 포함되어 있는 지식에 대해서 말할 때 그것은 규칙, 법칙, 또는 확인된 기준에 내재되어 있는 지식보다 덜 체계적이라거나 덜 분석적인 배움의 양식을 이야기하고 있는 것이 아니라고 했다. 오히려 처음에 표준례로부터 추상화되고 그 뒤에 그 표준례 대신 기능을 나타내는 규칙들을 사용하여 재구성되는 경우 그 의미가 잘못 해석될 수 있는 배움의 방식에 대해 이야기하고 있다는 것이다.

5. 표준례, 동일 표준상 비교 불능성 그리고 혁명

패러다임들이 가지고 있는 서로 같은 기준을 이용하여 비교할 수 없는 동일 표준상 비교 불능성은 『과학혁명의 구조』의 중요한 요지 중 하나이다. 패러다임과 관련된 논쟁에 참여하는 분파들이 같은 실험적 사실의 어떤 측면을 다르게 보는 것은 불가피하다. 그러나 그들이 그런 상황을 논의할 때 사용하는 용어들은 동일하다. 즉 그들이 사용하는 용어들 중 일부는 다른 방식으로 자연에 관련시키고 있음이 틀림없다. 따라서 그들 사이의 의사소통은 부분적인 것에 그칠 수밖에 없다. 그 결과 어느 이론이 다른 이론보다 우월하다는 것은 논쟁을 통해 증명할 수 없다는 것이 쿤의 생각이다.

그러나 과학철학자들은 이런 논지를 다음과 같이 오해하고 있다. 동일 표준상 비교 불능한 이론들의 옹호자들은 서로 의견을 교환할 수 없기 때문에 이론 선택에 관한 논쟁에서 충분히 만족할 만한 이유들에 의존하지 않는다. 따라서 이론은 결국 개인적이고 주관적인 이유들에 의해 선택되어야 한다. 신비스러운 모종의 감각 작용이 현실적으로 어떤 패러다임을 선택할 것인지를 결정하는 요인이 된다. 쿤은 이런 왜곡된 해석을 가능하게 한 문장들로 인해 자신의 주장이 비합리적이라는 비난을 받게 되었다고 보았다.

쿤은 이론 선택을 둘러싼 논쟁은 논리적 또는 수학적 증명과 유사한 형식으로 틀이 잡힐 수가 없다는 점을 확실히 했다. 논리적 또는 수학적 증명에서는 추론의 전제와 규칙이 처음부터 명확하게 제시된다. 결론에 관해서 의견의 불일치가 있는 경우 그들이 밟아 온 과정을 되돌아보면서 규정에 비추어 점검한다. 그런 과정을 통해 누가 오류를 저질렀는지를 확인할 수 있다. 그러나 양쪽이 규칙의 의미나 적용에 대해서 서로 다른 생각을 가지고 있는 경우에는 패러다임과 관련된 논쟁이 비논리적 선택으로 끝날 수밖에 없다는 것이다.

6. 혁명의 상대주의

『과학혁명의 구조』의 요지를 비판한 사람들 중 일부는 과학혁명에 대한 쿤의 생각을 상대주의라고 보았다. 다시 말해 어떤 발견이나 발명을 과학혁명이라고 볼지는 그것을 보는 사람의 관점에 따라 달라질 수밖에 없는 것이 아니냐는 것이다. 서로 다른 이론의 옹호자들은 다른 문화권 집단의 구성원과 비슷하다. 서로 다른 문화권의 구성원들은 모두 자신들의 문화가 다른 문화보다 우월하다고 믿고 있다. 문화와 발달에 적용될 때 그런 입장은 상대성을 띨 수밖에 없다. 쿤은 그러나 과학에 적용되는 경우 그렇지 않을 수도 있으며, 단순한 상대주의와는 거리가 멀다고 설명했다.

과학 이론들은 그것들이 적용되는 환경에서 퍼즐을 푸는 경우에 이전의 것들보다 더 좋은 이론이 된다. 이는 상대주의자의 입장이 아니며 과학의 진보를 확신하고 있음을 나타낸다는 것이다. 그러나 과학철학자와 일반인 양쪽에 가장 널리 퍼져 있는 진보의 개념과 비교하면 이 입장은 핵심 요소를 제대로 나타내지 못한 것이다. 하나의 과학 이론이 기존의 이론들보다 우수하다고 느껴지는 이유는 그것이 퍼즐들을 발견하고 해결하는 보다 나은 도구일 뿐만 아니라 어느 방식으로든 자연이 참으로 어떤 것인가를 더 잘 나타내기 때문이다. 흔히들 연속적으로 이어지는 이론들은 갈수록 진리에 더욱 근접한다고 생각하지만, 과학사학자로서 쿤은 그런 견해에 동의할 수 없다는 점을 분명히 했다. 다시 한번 과학이 지식 축적의 과정을 통해 발전한다는 생각을 받아들일 수 없음을 확실히 한 것이다.

쿤은 뉴턴역학이 아리스토텔레스의 이론을 보완하고, 아인슈타인의 이론이 퍼즐 풀이의 도구로서 뉴턴역학을 향상시켰다고 보았다. 그러나 그것들에서 일관된 방향성을 찾아볼 수 없다. 몇 가지 중요한 관점에서 보면 아인슈타인의 일반 상대성 이론은 뉴턴역학보다 아리스토텔레스 이론에 더 가깝다. 이런 입장을 상대주의라고 비판하려는 유혹은 이해할 만한 것이지만, 그는 그런 표현이 적절하지 않다고 보았다. 만일 이런 입장을 상대주의라고 한다면, 그는 상대주의자가 과학의 본질과 발전에 관해서 잘못된 설명을 하고 있다고 생각하지 않을 것이라고 했다. 다시 말해, 이런 것을 상대주의라고 한다면 자신이 상대주의라는 비난을 감수하겠다는 뜻이다.

7. 과학의 성격

쿤은 『과학혁명의 구조』의 초판에 대한 비판적인 반응과 호의적인 반응 모두 완전히 맞지 않다고 설명했다. 초판을 읽은 몇몇 독자들은 쿤이 서술적 양식과 규범적 양식 사이를 오가면서 '-이다'는 '-이어야 한다'가 아니라는 철학적 명제를 위반했다고 비판했다. 쿤은 이에 대해 이 명제는 상투어처럼 되어서 이제는 그 어디에서도 더 이상 존중되는 원칙이 아니라고 지적하고, 많은 철학자들은 규범적인 것과 서술적인 것이 구별되지 못하도록 혼합된 문맥을 찾아냈다고 설명했다. 과학 이론은 과학자의 활동이 성공적일 경우 과학자들이 마땅히 행동해야 하는 방식에 대해서도 규정하고 있는데, 이런 규정들이 '-이어야 한다'와 '-임이 당연하다'라는 표현에 대한 합법성을 제공한다고 보았다.

쿤은 이 책에서 반가움과 만족스러움을 느낀 사람들이 많다고 말하며, 그 이유를 이 책의 주요 명제들이 과학 분야뿐만 아니라 과학 이외의 다른 많은 분야에도 적용될 수 있다는 것을 인지했기 때문이라고 보았다. 그럼에도 불구하고 호의적인 사람들의 반응도 그를 의아하게 만드는 면이 있다고 했다. 이 책이 과학의 발전을 비축적적인 단절들에 의해서 매듭지어지는 전통에 묶인 시대의 연속으로 표현하고 있는 한 그 명제들은 의심의 여지 없이 광범위하게 적용될 것이다. 그래야 하는 이유는 그 주제들이 다른 분야로부터 빌려 온 것이기 때문이다.

문학, 음악, 미술, 정치 발전, 그리고 다른 인간의 활동을 연구하는 역사학자들은 오랫동안 그들의 주제를 같은 방식으로 서술해 왔다. 형식, 취향, 그리고 제도적 장치에서 혁명적인 단절로 나뉜 시대 구분은 그들의 표준적 수단 가운데 하나이다. 쿤은 자신이 처음 발상한 것은 이런 개념들을 그것과는 다른 방식으로 발달한다고 생각해 온 과학에 적용한 것이라고 했다. 그는 구체적인 성취나 표준례로서의 패러다임이라는 개념은 2차적인 공헌이라고 생각했다.

과학의 발전은 생각보다 더 가깝게 다른 분야의 발전을 닮을 수 있으면서도 또한 전혀 다르기도 하다. 이를테면 과학은 발전 단계의 어느 시점 이후에는 다른 분야에서 일어나지 않는 방식으로 발전한다. 쿤은 이 책의 목적 가운데 하나는 그 차이들을 검토하고 설명하는 것이었다고 밝혔다. 정상과학에는 경쟁하는 학파들이 전혀 없거나 거의 없고, 과학자 사회의 구성원이 유일한 청중인 동시에 심판자가 되며, 과학 교육에는 특이한 성격이 있다. 쿤은 이러한 특징이 과학만이 가지고 있는 고유한 특성은 아니지만, 과학 활동을 다른 활동과 구별하는 중요한 요소가 되고 있다고 보았다.

| 후기 |

대학에서 '자연과학의 이해'라는 강의를 하는 동안 매 학기 학생들에게 『과학혁명의 구조』 읽기 숙제를 내 주었다. 과학이 무엇인지, 그리고 과학자가 하는 일이 무엇인지에 대해 다시 생각해 보도록 하는 데 이 책이 적당하다고 생각했기 때문이다. 그러나 숙제를 내 주면서도 학생들에게 미안하다는 생각을 늘 했다. 이 책을 끝까지 읽어 내는 것이 어렵다는 것을 잘 알고 있었기 때문이다. 이 책은 특히 조목조목 일목요연하게 서술되어 있는 과학책을 읽는 데 익숙한 이과 학생들이 온전히 읽을 수 있는 책이 아니다.

이 책을 읽어 내기가 어려운 이유 중 일부는, 그럴 수도 있고 그렇지 않을 수도 있는 사실을 자신의 논리 틀 안에 끼워 맞추고 그것을 받아들이도록 설득하는 인문학의 성격 때문일 것이다. 쉽게 동의할 수 있는 부분은 잘 읽히지만, 그렇지 않은 부분은 진도가 잘 나가지 않을 수밖에 없다. 더구나 이 책은 논문의 형식이 아니라 에세이 형식으로 쓰여 있어서 논지가 명확하지 않거나 중복되는 내용이 많아 끝까지 읽기 위해서는 인내심을 필요로 한다.

이 책이 쉽게 읽히지 않는 이유 중 또 다른 일부는 번역서가 가지는 한계 때문일 것이다. 본문에 충실하게 번역하다 보니 그렇게 되었겠지만, 우리말로 번역된 부분이 오히려 원문보다 그 뜻이 모호한 경우가 많다. 그 뜻이 명확하게 이해되지 않는 문장을 곱씹어 가면서 읽다 보면 진도가 한없이 느려지게 마련이다. 아무리 곱씹어도 이해가 되지 않는 문장들로 인해 중도에서 책을 덮어 버리는 경우도 많다.

따라서 이 책을 대할 때마다 쉽게 읽을 수 있는 해설서를 만들어 보고 싶다는 생각을 여러 번 했었다. 이런 생각을 했던 것은 중요하다고 생각되는 부분을 메모하면서 책을 읽은 후, 메모를 정리하여 쉽게 읽을 수 있는 나만의 해설서를 만든 일이 전에도 여러 번 있었기 때문이었다. 이것은 시간이 걸리는 어려운 작업이지만, 내용이 중요하고 흥미 있으면서도 쉽게 읽히지 않는 책을 확실하게 읽을 수 있는 좋은 방법이다.

해설서를 써 보겠느냐는 제안을 받았을 때는 이 책을 읽으면서 해 놓은 메모들이 아직 정리되지 않은 채로 여기저기 흩어져 있을 때였다. 이로 인해 쉽게 읽힐 수 있는 나만의 해설서를 만들어 보려던 것이 많은 사람들을 위한 책을 만드는 일로 바뀌었다.

이 책의 분량은 『과학혁명의 구조』의 약 30% 정도이다. 분량을 줄이면서도 『과학혁명의 구조』의 내용을 훼손하지 않으려고 노력했고, 쉽게 이해되지 않는 부분은 쉬운 우리말로 바꾸어 보려고 시도했다. 그러나 이 책이 원서의 내용을 크게 훼손하지 않으면서도 더 잘 읽힐 수 있게 되었는지는 독자들이 판단할 일이다.

Thomas Samuel
KUHN

[세창명저산책]

001 들뢰즈의 『니체와 철학』 읽기 · 박찬국
002 칸트의 『판단력비판』 읽기 · 김광명
003 칸트의 『순수이성비판』 읽기 · 서정욱
004 에리히 프롬의 『소유냐 존재냐』 읽기 · 박찬국
005 랑시에르의 『무지한 스승』 읽기 · 주형일
006 『한비자』 읽기 · 황준연
007 칼 바르트의 『교회 교의학』 읽기 · 최종호
008 『논어』 읽기 · 박삼수
009 이오네스코의 『대머리 여가수』 읽기 · 김찬자
010 『만엽집』 읽기 · 강용자
011 미셸 푸코의 『안전, 영토, 인구』 읽기 · 강미라
012 애덤 스미스의 『국부론』 읽기 · 이근식
013 하이데거의 『존재와 시간』 읽기 · 박찬국
014 정약용의 『목민심서』 읽기 · 김봉남
015 이율곡의 『격몽요결』 읽기 · 이동인
016 『맹자』 읽기 · 김세환
017 쇼펜하우어의
『의지와 표상으로서의 세계』 읽기 · 김 진
018 『묵자』 읽기 · 박문현
019 토마스 아퀴나스의 『신학대전』 읽기 · 양명수
020 하이데거의
『형이상학이란 무엇인가』 읽기 · 김종엽
021 원효의 『금강삼매경론』 읽기 · 박태원
022 칸트의 『도덕형이상학 정초』 읽기 · 박찬구
023 왕양명의 『전습록』 읽기 · 김세정
024 『금강경』 · 『반야심경』 읽기 · 최기표
025 아우구스티누스의 『고백록』 읽기 · 문시영
026 네그리 · 하트의
『제국』 · 『다중』 · 『공통체』 읽기 · 윤수종
027 루쉰의 『아큐정전』 읽기 · 고점복
028 칼 포퍼의
『열린사회와 그 적들』 읽기 · 이한구
029 헤르만 헤세의 『유리알 유희』 읽기 · 김선형
030 칼 융의 『심리학과 종교』 읽기 · 김성민
031 존 롤즈의 『정의론』 읽기 · 홍성우
032 아우구스티누스의
『삼위일체론』 읽기 · 문시영
033 『베다』 읽기 · 이정호
034 제임스 조이스의
『젊은 예술가의 초상』 읽기 · 박윤기
035 사르트르의 『구토』 읽기 · 장근상
036 자크 라캉의 『세미나』 읽기 · 강응섭
037 칼 야스퍼스의
『위대한 철학자들』 읽기 · 정영도
038 바움가르텐의 『미학』 읽기 · 박민수
039 마르쿠제의 『일차원적 인간』 읽기 · 임채광
040 메를로-퐁티의 『지각현상학』 읽기 · 류의근
041 루소의 『에밀』 읽기 · 이기범
042 하버마스의
『공론장의 구조변동』 읽기 · 하상복
043 미셸 푸코의 『지식의 고고학』 읽기 · 허 경
044 칼 야스퍼스의 『니체와 기독교』 읽기 · 정영도
045 니체의 『도덕의 계보』 읽기 · 강용수
046 사르트르의
『문학이란 무엇인가』 읽기 · 변광배
047 『대학』 읽기 · 정해왕
048 『중용』 읽기 · 정해왕
049 하이데거의
「"신은 죽었다"는 니체의 말」 읽기 · 박찬국
050 스피노자의 『신학정치론』 읽기 · 최형익

051 폴 리쾨르의 『해석의 갈등』 읽기 · 양명수
052 『삼국사기』 읽기 · 이강래
053 『주역』 읽기 · 임형석
054 키르케고르의
『이것이냐 저것이냐』 읽기 · 이명곤
055 레비나스의 『존재와 다르게—본질의 저편』
읽기 · 김연숙
056 헤겔의 『정신현상학』 읽기 · 정미라
057 피터 싱어의 『실천윤리학』 읽기 · 김성동
058 칼뱅의 『기독교 강요』 읽기 · 박찬호
059 박경리의 『토지』 읽기 · 최유찬
060 미셸 푸코의 『광기의 역사』 읽기 · 허 경
061 보드리야르의 『소비의 사회』 읽기 · 배영달
062 셰익스피어의 『햄릿』 읽기 · 백승진
063 앨빈 토플러의 『제3의 물결』 읽기 · 조희원
064 질 들뢰즈의 『감각의 논리』 읽기 · 최영송
065 데리다의 『마르크스의 유령들』 읽기 · 김보현
066 테야르 드 샤르댕의 『인간현상』 읽기 · 김성동
067 스피노자의 『윤리학』 읽기 · 서정욱
068 마르크스의 『자본론』 읽기 · 최형익
069 가르시아 마르께스의
『백년의 고독』 읽기 · 조구호
070 프로이트의
『정신분석 입문 강의』 읽기 · 배학수
071 프로이트의 『꿈의 해석』 읽기 · 이경희
072 토머스 쿤의 『과학혁명의 구조』 읽기 · 곽영직
073 토마스 만의 『마법의 산』 읽기 · 윤순식
074 진수의 『삼국지』 나관중의 『삼국연의』
읽기 · 정지호
075 에리히 프롬의 『건전한 사회』 읽기 · 최흥순
076 아리스토텔레스의 『정치학』 읽기 · 주광순
077 이순신의 『난중일기』 읽기 · 김경수
078 질 들뢰즈의 『마조히즘』 읽기 · 조현수
079 『열국지』 읽기 · 최용철
080 소쉬르의 『일반언어학 강의』 읽기 · 김성도
081 『순자』 읽기 · 김철운
082 미셸 푸코의 『임상의학의 탄생』 읽기 · 허 경
083 세르반테스의 『돈키호테』 읽기 · 박 철
084 미셸 푸코의 『감시와 처벌』 읽기 · 심재원
085 포이어바흐의 『기독교의 본질』 읽기 · 양대종
086 칼 세이건의 『코스모스』 읽기 · 곽영직
087 『삼국유사』 읽기 · 최광식
088 호르크하이머와 아도르노의
『계몽의 변증법』 읽기 · 문병호
089 스티븐 호킹의 『시간의 역사』 읽기 · 곽영직
090 에리히 프롬의
『자유로부터의 도피』 읽기 · 임채광
091 마르크스의 『경제학-철학 초고』 읽기 · 김 현
092 한나 아렌트의
『예루살렘의 아이히만』 읽기 · 윤은주
093 미셸 푸코의 『말과 사물』 읽기 · 심재원
094 하버마스의
『의사소통 행위 이론』 읽기 · 하상복
095 기든스의 『제3의 길』 읽기 · 정태석
096 주디스 버틀러의 『젠더 허물기』 읽기 · 조현준
097 후설의 『데카르트적 성찰』 읽기 · 박인철
098 들뢰즈와 가타리의 『천 개의 고원』,
「서론: 리좀」 읽기 · 조광제
099 레비스트로스의 『슬픈 열대』 읽기 · 김성도
100 에리히 프롬의 『사랑의 기술』 읽기 · 박찬국
101 괴테의 『파우스트』 읽기 · 안삼환
102 『도덕경』 읽기 · 김진근
103 하이젠베르크의 『부분과 전체』 읽기 · 곽영직
104 『홍루몽』 읽기 · 최용철
105 키르케고르의
『죽음에 이르는 병』 읽기 · 박찬국
106 미르치아 엘리아데의 『성과 속』 읽기 · 신호재

· 세창명저산책은 계속 이어집니다.